水利水电建筑工程高水平专业群工作手册式系列教材

水利工程智能化运行管理实训

主 编 赵海滨 李梅华
主 审 陶永霞

中国水利水电出版社
www.waterpub.com.cn
·北京·

内 容 提 要

本书为高职水利工程与管理类专业通用教材，是工作手册式教材，内容对接大坝安全智能监测职业技能等级证书。主要包括：水工建筑物变形、渗流及环境量等监测项目的智能化监测方法和步骤，监测资料整编和分析，无人机、无人船、水下机器人新一代智慧监测设备及智能监测系统使用等内容。

本书可供水利类相关专业师生使用，也可作为从事水利工程管理的技术人员、备考大坝安全智能监测职业技能等级证书的考生参考。

图书在版编目（CIP）数据

水利工程智能化运行管理实训 / 赵海滨，李梅华主编. -- 北京 : 中国水利水电出版社，2022.5
水利水电建筑工程高水平专业群工作手册式系列教材
ISBN 978-7-5226-0881-5

Ⅰ. ①水… Ⅱ. ①赵… ②李… Ⅲ. ①水利工程管理－智能控制－教材 Ⅳ. ①TV6

中国版本图书馆CIP数据核字(2022)第136037号

书　　名	水利水电建筑工程高水平专业群工作手册式系列教材 **水利工程智能化运行管理实训** SHUILI GONGCHENG ZHINENGHUA YUNXING GUANLI SHIXUN
作　　者	主编　赵海滨　李梅华 主审　陶永霞
出版发行	中国水利水电出版社 （北京市海淀区玉渊潭南路1号D座　100038） 网址：www.waterpub.com.cn E-mail：sales@mwr.gov.cn 电话：（010）68545888（营销中心）
经　　售	北京科水图书销售有限公司 电话：（010）68545874、63202643 全国各地新华书店和相关出版物销售网点
排　　版	中国水利水电出版社微机排版中心
印　　刷	清淞永业（天津）印刷有限公司
规　　格	184mm×260mm　16开本　10印张　244千字
版　　次	2022年5月第1版　2022年5月第1次印刷
印　　数	0001—2000册
定　　价	**40.00**元

前言

随着云计算、大数据、物联网、移动终端、人工智能、数字模型、传感器等新兴技术在水利行业的应用，水利工程运行管理也进入了智能化、智慧化，为实现“云为载体、互联感知、兴利除害、人水和谐”的美好愿景。水利工程智能化运行管理课程应运而生，黄河水利职业技术学院联合哈工大机器人集团开发了这门课程，并在广泛征求意见的基础上编写本教材。

教材编写主要考虑了以下三点：

(1) 对接“X”证书，教材内容融入了大坝安全智能监测职业技能等级证书所要求的知识、技能、素质要求。

(2) 以职业能力为本位，以任务为驱动，以成果为导向，突出学生能力培养，以技能训练为主线，带动知识学习和技能的提高。

(3) 紧跟当今智慧水利建设需求，突出知识的实用性、综合性和先进性，使读者迅速掌握新一代智慧监测设备基础知识和技能。

本书由赵海滨、李梅华任主编，方琳、袁斌任副主编，陶永霞任主审，其中模块1由李梅华编写、模块2由方琳编写，模块3及各模块案例、附录由赵海滨编写，模块4由袁斌和徐赛编写。本书的编写得到了有关水利企业、事业单位技术人员支持，同时，我们也参考了大量的科技文献，在此表示感谢。

对本书中疏漏或不当之处，恳请广大读者批评指正。

编者

2022年3月

目 录

工作须知

1. 课程性质 ·

"水利工程智能化运行管理实训"是水利水电建筑工程专业职业岗位能力课程，主要任务为使学生掌握水利工程智能化运行基本理论和方法。该课程以"水利工程测量""水工建筑物""水利工程管理技术""水力学""水文学"，等课程为前导课程，引入《混凝土大坝安全监测技术规范》（SL 601—2013）、《土石坝安全监测技术规范》（SL 551—2012）、《大坝安全监测仪器检验测试规程》（SL 530—2012）、《混凝土坝安全监测资料整编规程》（DL/T 5209—2020）、《土石坝安全监测资料整编规程》（DL/T 5256—2010）等行业规范和标准。教材内容取材于实际工程实例，通过模块化教学设计，以成果为导向、任务为驱动，实现技能训练的教学过程与生产过程对接、技能训练的教学内容与职业标准对接，培养学生具备一定智慧水利工程监测、运行、维护专业技能和职业素养，毕业后能胜任现代智慧水利工程运行管理维护等方面的技术或管理岗位工作。

2. 课程目标

通过本课程学习，使学生具备水工建筑物变形、渗流、环境量等监测项目的智能化监测方法的基础知识，掌握常见观测设备布置、埋设、观测等方法，能进行水下机器人、无人船、无人机等新一代智慧监测设备的基础操作，会进行水利工程安全监测数据整理和分析，能根据监测资料对水工建筑物工作状态做出鉴定，初步提出工程运用以及维护意见和方案。

通过本课程的学习，使学生具备从事大坝智能安全监测、水利工程管理等所必需的专业知识、专业技能及相关的职业能力，培养学生实际岗位的适应能力，提高学生的职业素质。

3. 工作项目

（1）环境量监测。

（2）土石坝安全监测。

（3）混凝土坝安全监测。

（4）大坝安全智能监测。

4. 组织形式

实训课程采用工作手册式教材，以培养学生实践操作为主线，本着"理论适量够用、内容难度适宜、着重实践操作、突出创新应用"的原则，采用项目化教学设计，每个学习模块和任务单元按照导向问题、相关知识、学习小结和技能训练分段推进实施，同时，以工程案例为载体，通过由浅到深、依次递进的学习任务，激发学生学习兴趣，提升综合素养。

（1）实训教材为工作手册式教材，采用模块化设计，每个模块以“项目化”引领教学内容，以实际工作任务为驱动展开教学内容，增强学生的学习兴趣，提升知识的实用性。

（2）突出实践创新应用。课程强调实践与理论并重，每个项目都配备技能训练，详细介绍了技能训练的方法和步骤，并与理论知识相辅相成，进一步加深学习者对理论知识的理解，提高实践操作技能。

（3）新型智慧水利监测设备使用。课程配套开发水下机器人、无人船、无人机等现代智慧监测工具的操作方法，通过课程训练使学生具备本专业所必需水利工程监控维护、水体环境监控的新技术和新方法，掌握相关配套设备的安装与调试，熟练掌握智慧监测工具的操作技能。

（4）专业课体现思政教育。课程教学中通过情景设定、实践体验、热点启发等方式将大禹精神、红旗渠精神、抗洪精神、愚公移山精神融入课堂教学，树立学生追求卓越、精益求精的岗位责任，增强职业荣誉感，激发家国情怀。

（5）每个任务均设有“技能训练”模块，用于学生自测知识的掌握情况和技能训练提升，通过技能强化练习，使学生具备一定水利工程管理的专业技能和职业素养，为学生毕业后能胜任水利工程运行管理维护等方面的技术或管理岗位工作打下基础。

5. 进度安排

本实训时间共计4周。各模块时间分配如下：

（1）环境量监测实训4天。

（2）土石坝安全监测实训5天。

（3）混凝土坝安全监测实训5天。

（4）大坝安全智能监测实训6天。

6. 考核评价

“水利工程智能化运行管理实训”课程推行“过程考核＋任务成果”教学评价模式。课程成绩由过程考核成绩和任务成果成绩两部分组成，各占总成绩的50%，职业技能认证反映学生的该课程技能水平等级。

“过程考核”是对学生平时课程学习的实训考核，借助云课堂、教学空间等数字化学习平台实施，考核内容包括课堂考勤、技能实训、资源学习、课堂表现等方面，确定过程考核成绩。

“任务成果”主要考察大坝安全监测数据整编分析成果的完整性、规范性及合理性。

模块 1　环境量监测

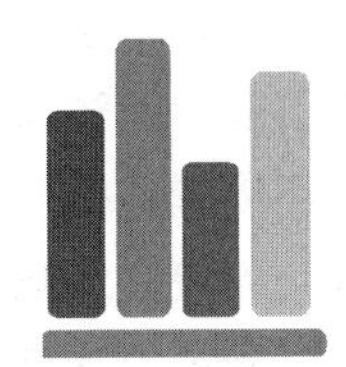

环境量监测任务书

<table>
<tr><td colspan="2">模块名称</td><td>环 境 量 监 测</td><td rowspan="4">参考课时/天</td><td>4</td></tr>
<tr><td colspan="2" rowspan="3">学习型工作任务</td><td>1.1 水位监测</td><td>1</td></tr>
<tr><td>1.2 降水量和温度监测</td><td>1</td></tr>
<tr><td>1.3 环境量监测资料整理分析</td><td>2</td></tr>
<tr><td colspan="2">项目目标</td><td colspan="3">让学生了解土石坝、混凝土坝环境量监测内容，掌握水位监测、降水量和温度监测的方法和监测精度要求，能对监测数据进行记录、整理和分析</td></tr>
<tr><td colspan="2">教学内容</td><td colspan="3">（1）水库的环境量。
（2）水位监测测点布设。
（3）水位监测设备与方法。
（4）降水量监测方法。
（5）水温监测方法。
（6）环境量监测资料整编方法</td></tr>
<tr><td rowspan="3">教学目标</td><td>素质</td><td colspan="3">（1）激发学习兴趣，培养创新意识。
（2）树立追求卓越、精益求精的岗位责任，培养工匠精神。
（3）传承大禹精神、红旗渠精神，增强职业荣誉感</td></tr>
<tr><td>知识</td><td colspan="3">（1）了解土石坝、混凝土坝环境量监测内容。
（2）了解水位监测测点布设。
（3）掌握水位监测方法。
（4）掌握降水量监测方法。
（5）掌握水库环境量监测资料整理方法</td></tr>
<tr><td>技能</td><td colspan="3">（1）会布设水位监测测点。
（2）会进行水位监测并能记录监测数据。
（3）会进行降水量监测并能记录监测数据。
（4）会进行水库环境量监测数据统计、计算，并会绘制过程线</td></tr>
<tr><td colspan="2">项目成果</td><td colspan="3">环境量监测资料整编表、过程线及分析报告</td></tr>
<tr><td colspan="2">技术规范</td><td colspan="3">（1）《混凝土坝安全监测技术规范》（SL 601—2013）。
（2）《大坝安全监测仪器检验测试规程》（SL 530—2012）。
（3）《混凝土坝安全监测资料整编规程》（DL/T 5209—2020）。
（4）《水位观测标准》（GB/T 50138—2010）。
（5）《降水量观测规范》（SL 21—2015）。
（6）《水文测量规范》（SL 58—2014）</td></tr>
</table>

环境量监测主要包括坝前水位、坝后水位、气温、大气压力、降水量、冰压力、坝前泥沙淤积及下游冲刷等，环境量监测站可以监测其中的某一项或某几项，见表1.0.1。大坝变形、渗流、应力应变等均与环境量的变化关联，为了解环境量对大坝的影响，必须对环境量进行监测，设置多用途环境量监测固定测站，并分析环境量对大坝的变形、渗流、应力应变影响程度，为分析判断大坝安全提供基础信息。降水量、气温、大气压力观测可应用当地水文站、气象站观测资料。土石坝环境量监测项目与混凝土坝的环境量监测项目略有不同。

1. 土石坝环境量监测项目

根据《土石坝安全监测技术规范》（SL 551—2012），土石坝环境量监测项目按照表1.0.1执行。从表中可以看出，环境量中的上下游水位、降水量、气温和库水温是1～3级土石坝必设的监测项目。

表1.0.1　土石坝环境量监测项目

编号	监测项目	建筑物级别		
		1	2	3
1	上下游水位	★	★	★
2	降水量、气温、库水温	★	★	★
3	坝前泥沙淤积及下游冲刷	☆	☆	
4	冰压力	☆		

注　1. ★为必设项目，☆为一般项目，可根据需要选设。
2. 坝高小于20m的低坝，监测项目选择降低一级考虑。

2. 混凝土坝环境量监测项目

根据《混凝土坝安全监测技术规范》（SL 601—2013），混凝土坝环境量监测项目按照表1.0.2执行。从表中可以看出，上下游水位、气温、降水量是1～4级混凝土坝必设的监测项目，坝前水温是1级、2级混凝土坝必设的监测项目。

表1.0.2　混凝土坝环境量监测项目

编号	监测项目	建筑物级别			
		1	2	3	4
1	上下游水位	★	★	★	★
2	气温、降水量	★	★	★	★
3	坝前水温	★	★	☆	☆
4	大气压力	☆	☆	☆	☆
5	冰冻	☆	☆	☆	
6	坝前泥沙淤积及下游冲刷	☆	☆	☆	

注　★为必设项目，☆为一般项目，可根据需要选设。

环境量监测应遵循《混凝土坝安全监测技术规范》（DL/T 5178—2003）、《土石坝安全监测技术规范》（SL 551—2012）、《水位观测标准》（GB/T 50138—2010）、《降水量观测规范》（SL 21—2015）等标准、规范的要求。环境量监测设施应在水库蓄水前完成施

工，水位、降水量、气温、水温观测可以应用当地水文站和气象站的观测资料，也可以在坝址附近建立观测站进行环境量的观测，如图 1.0.1 所示。

图 1.0.1　环境量监测站（水位、降水量、气温、水温）

任务 1.1　水　位　监　测

导向问题

2021 年 7 月 22 日，受强降雨影响，淮河水系北部支流及水库出现明显涨水过程，洪汝河上游、沙颍河中游局部河段出现超警戒洪水过程。7 月 22 日 13 时，沙颍河周口站水位 47.17m；沙颍河支流贾鲁河中牟站水位 78.56m，超历史水位 0.87m，扶沟闸下水位 58.41m，超历史 0.03m；洪汝河杨庄、桂李、五沟营水位分别为 64.52m、60.98m、55.56m，分别超警戒水位 0.02m、0.48m、0.27m。常庄等 11 座中型水库超汛限水位 0.02～2.80m。（摘自 2021 - 07 - 22 17：00 水利部网站）

从上面的描述中，可以看到不同水文测站的水位，水位测点如何布设？水位数据如何获得？

1.1.1　水位监测测点布置

1. 上游（水库）水位测点布置要求

蓄水前应在坝前布设至少一个永久性测点。测点应处于水面平稳、受风浪和泄洪影响较小、便于安装设备和观测的位置，测点可以安置在岸坡或永久建筑物上，测点水位应能代表坝前平稳水库水位。

2. 下游（河道）水位测点布置要求

下游（河道）水位监测应与测流断面统一布置，测点应设置在水流平顺、受泄流影响较小、便于安装设备和观测的地点；当各泄水口泄流分道汇入干道时，除在干道上应设置测点外，在各分道上也可布设测点；河道无水时，下游水位用河道中的地下水位代替，宜与渗流监测结合布置。

3. 输、泄水建筑物水位测点布置要求

输、泄水建筑物的水位监测布设应与上下游水位监测相结合，并根据水流观测需要，可在建筑物中若干部位（如渠首及堰前、闸墩侧壁、弯道两岸、消力池等处）增设水位测点。消力池的下游水位测点应布设在距离消力池末端不小于消能设施总长的3～5倍处。

1.1.2　水位监测设备和方法

观测设备可以采用水尺、遥测水位计和自记水位计进行观测。水尺应延伸到高于校核洪水位，水尺的零点高程每年应校测1次或怀疑水尺零点高程有变化时应及时校测。水位计应在每年汛前检查。

1. 水尺

水尺通常用搪瓷板或合成材料制成，长度为1m，宽约10cm，水尺刻度分辨率为1cm。水尺要求具有一定的强度、不易变形，具有耐水性，温度伸缩性应尽可能小。

水尺是测站水位监测的基本设施，通常设立在岸边用以观测水面升降情况。水尺的常用形式有四种：直立式、倾斜式、矮桩式和悬锤式。

（1）直立式水尺。一般由靠桩和水尺板两部分组成。靠桩有木桩、混凝土桩或型钢桩，埋入土深0.5～1.0m；水尺板由木板、搪瓷板、高分子板或不锈钢板做成，其尺度刻画一般至1cm。

（2）倾斜式水尺。如图1.1.1所示，把水尺板固定在岩石岸坡或水工建筑物（土石坝的坝坡）上，也可直接在岩石或水工建筑物的斜面上涂绘水尺刻度，刻度大小以能代表垂直高度为准。倾斜式水尺的优点是不易被洪水和漂浮物冲毁。

（3）矮桩式水尺。如图1.1.2所示，矮桩式水尺由固定矮桩和附加的测尺组成。因流冰、航运、浮运等冲撞而不宜用直立式水尺时，可用这种水尺。

图1.1.1　倾斜式水尺

图1.1.2　矮桩式水尺

(4) 悬锤式水尺。通常设置在坚固陡岸、桥梁或水工建筑物的岸壁上，用带重锤的悬索测量水面距离某一固定点的高差来计算水位。

水尺安装时，应进行精密的水准测量，以确定水尺的整米位置，直立式水尺应该保持铅直，倾斜式水尺在竖直面的投影也应保持铅直。水尺读数可以根据标注的整米数和水尺上的读数直接读到厘米位即可。

2. 自记水位计

自记水位计是利用机械、压力、声波、电磁波等传感装置间接观测记录水位变化的设备，一般由水位感应、信息传输与记录装置三部分组成。常见感应水位的方式有浮子、压力、超声波、雷达波等多种类型。

(1) 浮子式水位计。浮子式水位计利用浮子跟踪水位升降，以机械方式直接传动记录水位的一种水位计（图 1.1.3），具有简单可靠、精度高、易于维护等特点，主要由感应传输部分和记录部分组成，感应传输部分直接感受水位变化，构件为浮筒（浮子）、悬索及重锤、水位轮，浮筒（浮子）和重锤用塑胶铜线连接悬挂在水位轮上，水位涨落使浮筒升降带动水位轮正反旋转。记录部分由记录转筒、自记钟、自记笔及导杆组成，记录滚筒与水位轮直接连接，当水位轮旋转时，记录滚筒一起转；记录纸装在记录滚筒外面，记录笔是特制的小钢笔，由石英晶体自记钟每小时以一定的速度带动它在记录纸横坐标方向上单向运动，这样记录滚筒随水位变化作纵向运动，记录笔随时间变化做横向运动，将水位模拟曲线描绘在记录纸上。

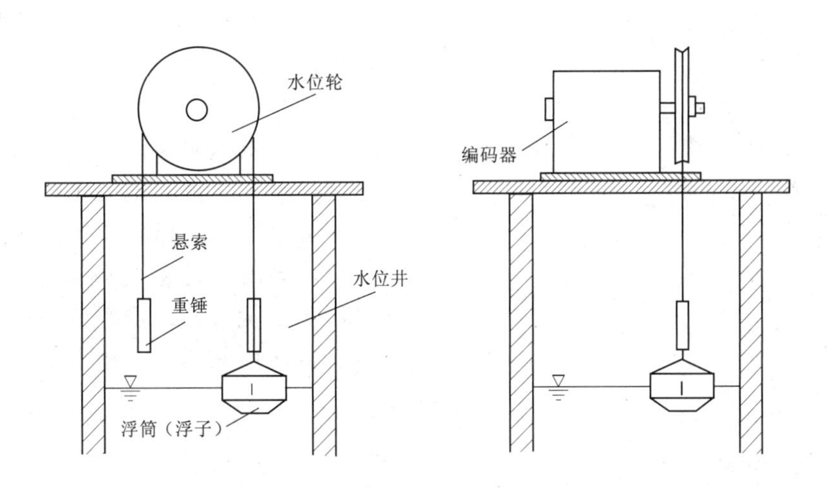

图 1.1.3　浮子式水位计

使用浮子式水位计时，必须建设水位井。水位井可以在混凝土建筑物中预留管道，也可利用金属管、钢筋混凝土、砖或其他材料单独修建测井，如图 1.1.4 所示。

(2) 压力式水位计（渗压计）。通过传感器测量水体的静水压力，得到水位的仪器称为压力式水位计，又称渗压计，如图 1.1.5 所示。设测点的静水压强为 P，水体密度为 γ，则测量（传感固定测点）处的水深为 $H=P/\gamma$。若固定测点高程为 Z，则 $Z+H$ 即为水位。该类仪器可应用在江河、湖泊、水库及其他密度比较稳定的天然水体中，实现水位

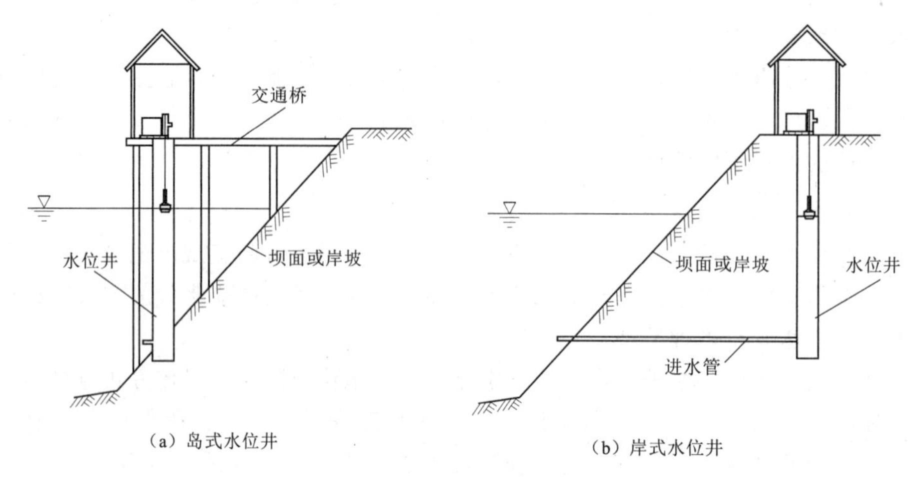

图 1.1.4　浮子式水位计示意图

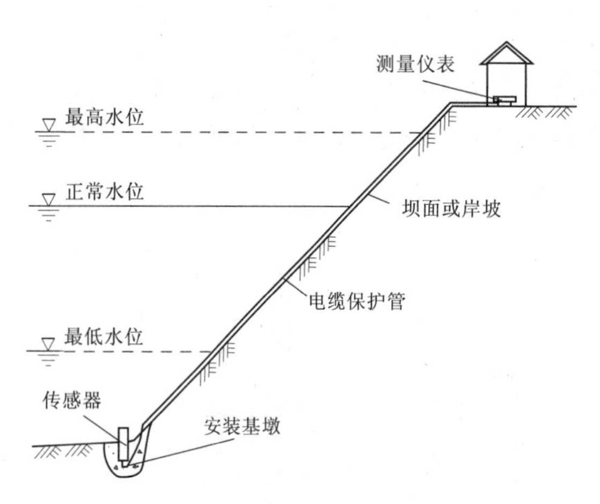

图 1.1.5　压力式水位计安装示意图

测量和存储记录。

（3）超声波水位计。超声波水位计是一种把声学和电子技术相结合的水位测量仪器。按照声波传播介质的区别可分为液介式和气介式两大类。传感器安装在水中的称为液介式超声波水位计，而传感器安装在空气中不接触水体的，称为气介式或非接触式超声水位计。

（4）雷达水位计。雷达水位计是通过非接触方式测量地表水位的一种高精度测量仪器。原理同非接触式超声波水位计，但由电磁波传输反射实施测量。可用于多泥沙、多漂浮物、多水草以及具有腐蚀性的污水、盐水等恶劣环境下的水位监测。

1.1.3　水位监测要求

1. 测次要求

水位监测应与库水位相关的监测项目同时观测。开闸泄水前、后应各增加观测1次，汛期还应根据要求适当加密测次。下游水位应与上游水位同步观测。监测数据认真记录、填写，不应涂改、损坏和遗失。

土石坝、混凝土坝水位监测一般为每日1～2次，当出现强降水、库水位明显变化，蓄水初期、遭遇大洪水、强地震、工程异常等特殊情况时，应加密监测频次，满足监测预警、预测预报和大坝安全管理要求。

2. 观测精度要求

水位监测的准确度要求为：当水位变幅小于 10m 时，测量综合误差不大于 2cm；当水位变幅在 10～15m 范围时，测量的综合误差不大于水位变幅的 2%；当水位变幅大于 15m 时，测量综合误差不大于 3cm。

学习小结

结合本次工作任务学习情况，总结学习要点、个人收获等内容。

技能训练

1. 下面关于上游（水库）水位测点布置的要求，正确的是（　　）。

A. 蓄水前应在坝前布设至少一个永久性测点

B. 测点处于水面应平稳、受风浪和泄洪影响较小、便于安装设备和观测的位置

C. 测点可以安置在岸坡或永久建筑物上

D. 测点水位应能代表坝前平稳水库水位

2. 下面关于下游（河道）水位测点布置要求，正确的是（　　）。

A. 下游（河道）水位监测应与测流断面统一布置

B. 测点应设置在水流平顺、受泄流影响较小、便于安装设备和观测的地点

C. 当各泄水口泄流分道汇入干道时，除在干道上应设置测点外，在各分道上也可布设测点

D. 河道无水时，下游水位用河道中的地下水位代替，宜与渗流监测结合布置

3. 水位监测设备可以采用（　　）进行观测。

A. 经纬仪　　　　B. 水准仪

C. 全站仪　　　　D. 自记水位计

4. 水尺的零点高程应（　　）校测1次。

A. 每周　　　　B. 每月

C. 每季度　　　　D. 每年

5. 水尺常用的形式有（　　）。

A. 直立式　　　　B. 倾斜式

C. 矮桩式　　　　D. 悬锤式

6. 以下关于水位监测的测次描述正确的是（　　）。

A. 水位监测应与渗流、变形等监测项目同时观测

B. 开闸泄水前、后应各增加观测1次

C. 下游水位应与上游水位同步观测

D. 水位监测可以采用浮子式水位计

任务1.2　降水量和温度监测

导向问题

据水利部网站报道，2021年7月19—20日，淮河流域洪汝河上游、沙颍河中上游、涡河上游降暴雨到大暴雨，沙颍河上游局地特大暴雨，最大点雨量郑州市尖岗站853.8mm。尖岗站单日降雨量691.8mm，远超郑州市多年平均年降水量640.8mm。郑州站1h雨量201.9mm，打破陆地国家气象站1h最大雨量记录。雨量大于100mm的面积为26898km^2，大于200mm的面积为12273km^2，大于400mm的面积为2659km^2。流域面雨

量 31.2mm，淮河水系 42.3mm，其中沙颍河周口以上面雨量 208.5mm。

上述报道中，降雨量大小怎么测？

1.2.1　降水量监测

降水量是指在一定时段内，从大气降落到地面的降水物在地平面上所积聚的水层深度。降水日数是指在指定时段内，日降水量大于等于 0.1mm 的天数。

降水量观测包括降雨、降雪、降雹的水量，根据需要可测记雪深、冰雹直径、初霜和终霜日期及雾、露、霜现象。降水量以毫米为单位，其观测记载的最小量（简称记录精度），需要雨日地区分布变化资料或采用人工雨量器的降水量观测应记至 0.1mm；不需要雨日地区分布变化资料的降水量观测，其多年平均降水量小于 400mm 的地区可记至 0.2mm，多年平均降水量 400～800mm 的地区可记至 0.5mm，多年平均降水量大于 800mm 的地区可记至 1mm；水面蒸发站应与蒸发观测的记录精度相匹配；观测记录和资料整理的记录精度应与仪器的分辨力一致。降水量观测记录应采用北京时间。起止时间者，观测时间应记至分钟，不记起止时间者，可记至小时。日降水量以 8 时为日分界，即从昨日 8 时至今日 8 时的降水量为昨日降水量。

1. 降水量观测误差

用雨量器（计）观测降水量由于受观测场环境、气候、仪器性能、安装方式和人为因素等影响，使降水量观测值存在系统误差和随机误差。误差来源主要有风力误差、湿润误差、蒸发误差、溅水误差、积雪漂移误差、仪器误差、仪器计量误差、侧记误差等。

系统误差是由于观测设备、仪器、操作方法不完善或外界条件变化所引起的一种有规律的误差。通常系统误差对多个测点或多次测值都发生影响，影响值及正负号有一定规律。除在观测中应尽量采取措施来消除或减少系统误差外，还应在资料分析时努力发现和消除系统误差的影响。发现有系统误差要加以处理。

偶然误差是由于若干偶然原因所引起的微量变化的综合作用所造成的误差。这些偶然原因可能与观测设备、方法、外界条件、观测者的感觉等因素有关。偶然误差对测值个体而言是没有规律的（或者规律还未被人掌握），不可预言和不可控制的，但其总体服从于统计规律，可以从理论上计算它对观测结果的影响。

2. 降水量观测场

降水量观测场位置选择应避开强风区，其周围应空旷、平坦，不受突变地形、树木和建筑物的影响；观测场不能完全避开建筑物、树木等障碍物的影响时，雨量器（计）至障碍物边缘的距离应大于障碍物顶部与承雨器口高差的 2 倍；在山区，观测场不宜设在陡坡上、峡谷内和风口处，应选择相对平坦的位置，使承雨器口至山顶的仰角不大于 30°；场内仪器之间、仪器与栏栅之间的间距不小于 2.0m×2.0m，仅设一台雨量器（计）时为 4.0m×4.0m，设置雨量器和自记雨量计各一台时为 4.0m×6.0m，场地平面布置如图 1.2.1 所示。场内地面应平整，保持均匀草层，草高不宜超过 20cm；设置的小路和门应便于观测，路宽不大于0.5m；观测场四周应设置不高于1.2m的防护栏栅，栏栅条的疏密不应影响降水量观测精度，多雪地区应考虑在近地面不致形成雪堆；有积水的观测场，应在其周围开挖排水沟，防止场地内积水；观测场应设立警示标志，划定保护范围，承雨器口至障碍物顶部高差的2倍距离为保护范围，不应有建筑物，不应栽种树木和高秆作物。

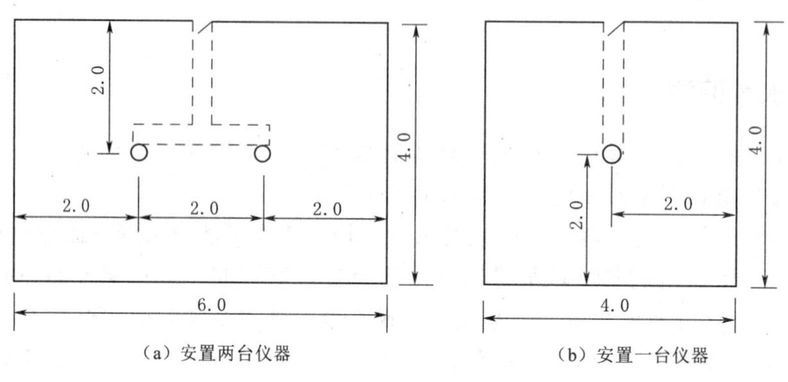

图1.2.1　降水量地面观测场平面布置图（单位：m）

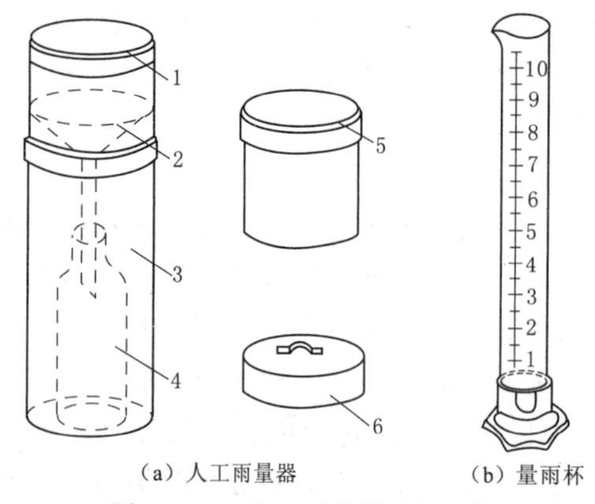

图1.2.2　人工雨量器及量雨杯

1—承雨器；2—漏斗；3—储水筒；4—储水器；5—承雪器；6—器盖

3. 降水量观测仪器

降水量观测仪器分为人工雨量器和自记雨量计，自记雨量计有翻斗式、称重式、轮盘斗式和虹吸式等类型。人工雨量器适用于驻测的雨量站观测液态和固态降水量；翻斗式、称重式和轮盘斗式雨量计适用于驻测和无人驻测的雨量站观测液态降水量；虹吸式雨量计适用于驻测的雨量站观测液态降水量。

(1) 人工雨量器。人工雨量器主要由承雨器、储水筒、储水器和器盖等组成，并配有专用的量雨杯，如图1.2.2所示，用于观测固态降水的雨量器，配有无漏斗的承雪器，或采用漏斗与承雨器分开。量雨杯总刻度为10.5cm，最小刻度为1mm。

(2) 虹吸式雨量计。虹吸式雨量计是自动记录液态降水物的数量、强度变化和起止时间的仪器，由承雨器（受水口）（通常口径为20cm）、浮子室、自记钟和虹吸管等四个部分组成。在承雨器下有一浮子室（浮子室是一个圆形容器），室内装一浮子与上面的自记笔尖相连，室外连虹吸管，如图1.2.3所示。

虹吸式雨量计测量原理。当雨水由承雨器进入浮子室后，其水面立即升高，浮子和笔杆也随着上升（由于笔杆总是随着降水量做上下运动，因此，自记纸的时间线是直线而不是弧线）。下雨时随着浮子室内水集聚的快慢，笔尖即在转动着的自记吸管短的一端插入浮子室的旁管中，用铜套管抵住连接器。再将笔尖上好墨水，使笔尖接触自记纸。雨量计在记录使用之前，必须对虹吸管的虹吸作用和自记笔尖的滑动情况进行检查。同时，还要

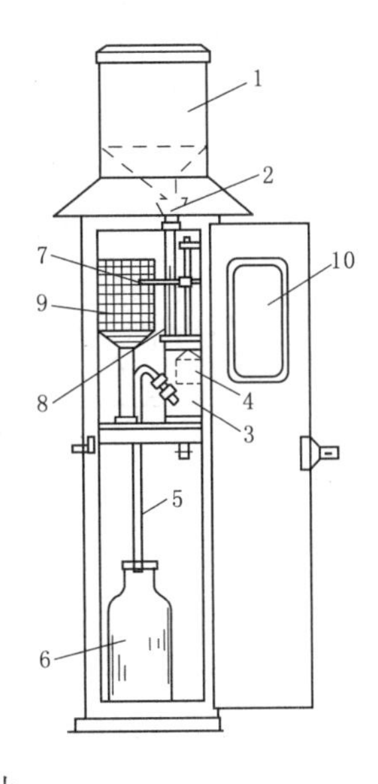

图 1.2.3　虹吸式雨量计

1—承雨器（受水口）（通常口径为 20cm）；2—小漏斗；3—浮子室；4—浮子；5—虹吸管；6—储水器；7—自记笔；8—笔档；9—自记钟；10—观测窗

调整虹吸管的高度和自记笔尖的零线位置，使之处于正确状态，以保证正常工作。

4. 降水量人工观测记载簿

降水量人工观测记载簿格式如图 1.2.4 所示，由封面、封里、观测记载表、封底组成。用 A4 纸印刷，可每月装订 1 册，年终将 12 册合订为 1 本。

表的填写应符合下列要求：

（1）仪器说明。根据当月使用的雨量器说明书抄填；观测场地面高程按雨量站考证簿填写，未测定者空白。每年观测的第一个月应详细填写仪器说明，以后各月凡与上月完全相同者，可从略。

（2）观测大事记。填记本月观测中所发生的重要事件，如：更换观测员或临时委托观测情况；观测场地或周围障碍物的变化；仪器性能检查、维修情况；发生特殊天气现象及影响观测质量的事物等。

（3）降水量人工观测记载表。

1）月份，填写降水量观测记载的月份。

2）采用段次，填写当月采用的观测段次。

3）观测起止时间。

4）实测降水量，填写降水量观测值；降雪或降雹时，在降水量数值右侧加注降水物符号。

5）时段降水量，填写观测段次内的各次实测降水量累计值；降雪或降雹时，在降水量数值右侧加注降水物符号；观测值欠准时，在降水量数值右侧加欠准符号“※”；观测值不全时对降水量数值加括号；因故障缺测，且确知其量达仪器 1/2 个分辨力时，缺测时段记缺测符号“—”；降雪量缺测，但测其雪深者，将雪深折算成降水量填入，并在备注栏注明。

共　　页

______站降水量人工观测记载簿

测站编码：______

______年______月

流域：______　水系：______　河名：______

地址：______省（自治区、直辖市）______县（市）

______乡（镇）______村

观测：　　　　一校：　　　　二校：

年　月　　　年　月

仪　器　说　明

观测场地地面高程　　　　　m（　　　基面）

雨量器名称	形式	口径/mm	器口离地面高度/m	备注
观测大事记				
				年　月　日

第　页

降水量人工观测记载表

______月　　　　　　（采用　　段次）

日	观测起止时间		实测降水量/mm	时段水量/mm	日降水量		备注
	起时	止时			日	降水量/mm	

观测：

第　页

月　统　计			
总降水量：		降水日数：	日
最大日降水量：		日期：	日

图1.2.4　降水量人工观测记载簿格式

6）日降水量，累加昨日8时至今日8时各次观测的降水量作为昨日降水量；未在日分界观测降水量者，在“日降水量”栏记合并符号“↓”。

封底应填写总降水量、降水日数、最大日降水量、最大日降水量发生的日期。

5. 降水量自动记录统计表

采用翻斗式、称重式、轮盘斗式和虹吸式等自记雨量计，虹吸式雨量计观测记录统计

按表 1.2.1。

表 1.2.1　　**虹吸式雨量计观测记录统计表**

年　　月　　日 8 时至　　日 8 时	
(1)	自然虹吸量（储水器纳水量）＝　　mm
(2)	自记纸上查得的未虹吸量＝　　mm
(3)	自记纸上查得的底水量＝　　mm
(4)	自记纸上查得的日降水量＝　　mm
(5)	虹吸订正量＝(1)＋(2)－(3)－(4)＝　　mm
(6)	虹吸订正后的日降水量＝(4)＋(5)＝　　mm
(7)	时钟误差：8 时至 20 时　　分；20 时至 8 时　　分
备注：	

6. 降水量测次

降水量应每天监测、记录，当出现强降水、库水位明显变化，蓄水初期、遭遇大洪水、强地震、工程异常等特殊情况时，应加密监测频次，满足监测预警、预测预报和大坝安全管理要求。

1.2.2　坝前水温监测

坝前水温监测点应设置在靠近上游坝面的库水中，其位置和重点观测断面一致，上游坝面温度测点可兼作坝前水温观测点。

混凝土坝测点的垂直布设：水库水深较小时，至少应在正常蓄水位以下 20cm 处、1/2 水深处及库底各布置 1 个测点。水库水深较大时，从正常蓄水位到死水位以下 10m 范围内，每隔 3～5m 宜布置 1 个测点；再往下每隔 10～15m 宜布置一个测点，必要时正常蓄水位以上也可适当布置测点。

土石坝的固定测点应布设在正常蓄水位以下 1m 处，固定垂线上至少应在水面以下 20cm 处、1/2 水深处及接近库底处布设 3 个测点；固定断面上至少有 3 条垂线。

观测设备应采用耐水压温度计，如深水温度计、半导体温度计、电阻温度计等。每年汛前应检验温度计，水温观测准确度应不超过 0.5℃。

1.2.3　气温监测

坝址附近至少应设置一个气温监测点，在蓄水前完成观测点设置。气温监测仪器应设在专用的百叶箱内，如图 1.2.5 所示，可安装直读式温度计、最高最低温度计或自记温度计、干湿球温度计等。气温监测准确度应不超过 0.5℃。

图 1.2.5　气温监测百叶箱

学习小结

结合本次工作任务学习情况，总结学习要点、个人收获等内容。

技能训练

1. 降水日数是指在指定时段内，日降水量大于等于（　　）mm的天数。

A. 0.1　　B. 1　　C. 2　　D. 5

2. 降水量观测值误差包括（　　）。

A. 系统误差和随机误差

B. 系统误差和人为误差

C. 系统误差和读数误差

D. 系统误差和记录误差

3. 仅设一台雨量器（计）时，降水量观测场地尺寸为（　　）。

A. 2m×2m

B. 3m×3m

C. 4m×4m

D. 4m×6m

4. 虹吸式雨量计是自动记录液态降水物的数量、强度变化和起止时间的仪器，由（　　）组成。

A. 承雨器、浮子室、储水桶、虹吸管

B. 承雨器、浮子室、漏斗、虹吸管

C. 承雨器、浮子室、自记钟、虹吸管

D. 承雨器、浮子室、翻斗钟、虹吸管

5. 下面关于坝前水温监测点设置说法正确的是（　　）。

A. 靠近上游坝面的库水中

B. 靠近大坝左岸岸边

C. 靠近大坝右岸岸边

D. 靠近溢洪道

6. 土石坝坝前水温的固定测点应布设在（　　）。

A. 正常蓄水位以下

B. 死水位以下

C. 设计洪水位以下

D. 正常蓄水位以下 1m 处

7. 坝址附近至少应设置一个气温监测点，在蓄水前完成观测点设置。气温监测仪器应设在（　　）。

A. 铁皮箱内

B. 塑料箱内

C. 百叶箱内

D. 木箱内

任务 1.3　环境量监测资料整理分析

导向问题

2021 年 7 月 17—23 日，河南省遭遇历史罕见特大暴雨，发生严重洪涝灾害，特别是 7 月 20 日郑州市遭受重大人员伤亡和财产损失。全省因灾死亡失踪 398 人，其中郑州市 380 人，新乡市 10 人，平顶山市、驻马店市、洛阳市各 2 人，鹤壁市、漯河市各 1 人。

7月19—20日，淮河流域洪汝河上游、沙颍河中上游、涡河上游降暴雨到大暴雨，沙颍河上游局地特大暴雨，最大点雨量郑州市尖岗站853.8mm。尖岗站单日降水量691.8mm，远超郑州市多年平均年降水量640.8mm。郑州站1小时雨量201.9mm，打破陆地国家气象站1小时最大雨量记录。受强降雨影响，洪汝河、沙颍河、涡河及水库出现明显涨水过程。截至21日10时，沙颍河支流贾鲁河中牟站超历史最高水位1.68m，常庄水库、郭家咀水库及贾鲁河等多处工程出现险情，郑州等地出现严重内涝。

以上描述的是河南郑州“7·20”特大暴雨灾害。郑州市多年平均年降水量640.8mm，如何计算？

相关知识

环境量主要包括坝前水位、坝后水位、气温、大气压力、降水量、冰压力、坝前泥沙淤积和下游冲刷等，整理整编成果应做到项目齐全、考证清楚、数据可靠、方法合理、图表完整、规格统一、说明完备。

环境量监测资料整编分析目的是通过监测物理量的大小，发现其变化规律、趋势及效应量与原因量之间（或几个效应量之间）的关系和相关的程度。有条件时，还应建立效应量与原因量之间的数学模型，借以解释监测量的变化规律，在此基础上判断各监测物理量的变化和趋势是否正常、是否符合技术要求；并应对各项监测成果进行综合分析，评估大坝的工作状态，拟定安全监控指标。

1.3.1 监测资料日常整理要求

（1）在每次仪器监测完成后，应及时检查各监测项目原始监测数据的准确性、可靠性和完整性，如有漏测、误读（记）或异常，应及时复测确认或更正，并记录有关情况。

（2）原始监测数据的检查、检验应主要包括方法是否符合规定，监测记录是否正确、完整、清晰，各项检验结果是否在限差以内，是否存在粗差、系统误差。

（3）应及时进行监测物理量的计（换）算，绘制监测物理量过程线图，检查和判断测值的变化趋势，如有异常，应及时分析原因。当确认为测值异常并对工程安全有影响时，应及时上报主管部门，并附文字说明。

1.3.2 水位监测资料整理分析

水位监测结果按年统计，见表1.3.1。水位监测年度统计表中还应包括全月统计和全年统计，计算特征水位值。全月统计特征值包括各月的日最高水位、最高水位日期、日最低水位、最低水位日期、月平均水位；全年统计特征值包括全年日最高水位、最高水位日期、最低水位、最低水位日期，年均水位。

以日期为横坐标，库水位为纵坐标点绘的曲线称为库水位过程线。根据水位年度统计表，绘制库水位过程线，如图1.3.1所示。

表 1.3.1　　上游(水库)、下游水位统计表

________游水位

日期		月份											
		1	2	3	4	5	6	7	8	9	10	11	12
01													
02													
⋮													
31													
全月统计	最高/m												
	日期												
	最低/m												
	日期												
	均值/m												
全年统计		最高/m					最低/m					均值/m	
		日期					日期						
备注		包括泄洪情况											

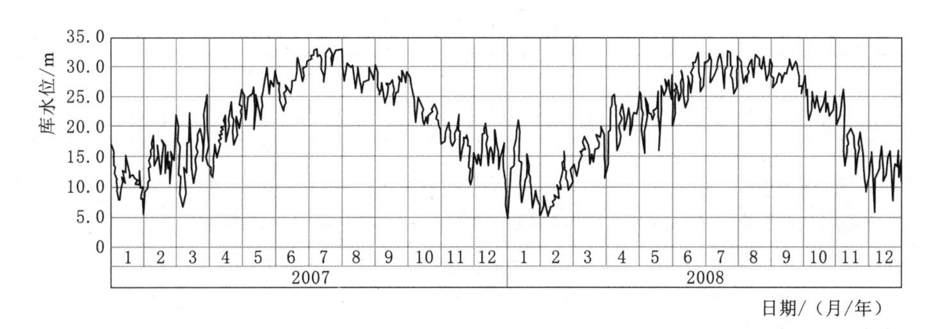

图 1.3.1　库水位过程线

在对水位监测资料进行分析时，对由于测量因素（包括仪器故障、人工测读及输入错误等）产生的异常测值进行处理（删除或修改），以保证分析的有效性及可靠性。

1.3.3　降水量观测资料整理分析

人工观测和虹吸式自记资料整理应坚持随测、随算、随整理、随分析，以便及时发现观测中的差错和不合理记录，及时进行处理、改正，并备注说明。按月装订人工观测记载簿和记录纸，降水稀少季节可数月合并装订。降水量人工观测记载簿、记录纸及整理成果表中的各项目应填写齐全，不应遗漏；不做记载的项目可留空白。资料如有缺测、插补、欠准、改正、不全或合并时，应按照要求加注整编符号。各项资料应保持表面整洁，字迹工整清晰、数据正确，如有影响降水量资料精度或其他特殊情况，应备注说明。

1. 人工雨量器观测资料整理

有降水之日于 8 时观测完毕后，应立即检查观测记载，记载应正确、齐全。计算日降水量时，当某日内任一时段观测的降水量注有降水物或降水整编符号时，该日降水量也应注相应符号；每月初应统计填制上月观测记载表的月统计栏项目。

2. 自记雨量计记录资料整理

有固态存储或遥测记录资料时，应定期从固态存储器或从数据接收中心原始数据库中下载降水量资料，结合计算机软件进行资料审核、处理。下载的资料应完整，整编软件应符合要求。

3. 虹吸式雨量计记录资料整理

（1）每日观测后，将测得的自然虹吸量填入表1.2.1第（1）栏。然后根据记录纸查算表中各项数值若记录时间和降水量超差，应先进行时间订正，再进行降水量订正。如不需要订正，则表1.2.1第（4）栏数值即作为该日降水量。

（2）将摘录的各时段降水量填记在自记纸相应的时段与记录线的交点附近；如某时段降水量含雹或雪时应加注雹或雪的符号，统计日降水量时也应加注相应符号。

4. 降水量统计

降水量统计包括全月统计和全年统计，全月统计包括各月的日最大降水量、最大降水量日期、总降水量、降水天数；全年统计包括全年日最大降水量、最大降水量日期、总降水量、总降水天数，见表1.3.2。

表1.3.2　年度逐日降水量统计表　单位：mm

<table>
<tr><td colspan="2" rowspan="2">日期</td><td colspan="12">月　份</td></tr>
<tr><td>1</td><td>2</td><td>3</td><td>4</td><td>5</td><td>6</td><td>7</td><td>8</td><td>9</td><td>10</td><td>11</td><td>12</td></tr>
<tr><td colspan="2">1</td><td></td><td></td><td></td><td></td><td></td><td></td><td></td><td></td><td></td><td></td><td></td><td></td></tr>
<tr><td colspan="2">2</td><td></td><td></td><td></td><td></td><td></td><td></td><td></td><td></td><td></td><td></td><td></td><td></td></tr>
<tr><td colspan="2">⋮</td><td></td><td></td><td></td><td></td><td></td><td></td><td></td><td></td><td></td><td></td><td></td><td></td></tr>
<tr><td colspan="2">31</td><td></td><td></td><td></td><td></td><td></td><td></td><td></td><td></td><td></td><td></td><td></td><td></td></tr>
<tr><td rowspan="4">全月统计</td><td>最大</td><td></td><td></td><td></td><td></td><td></td><td></td><td></td><td></td><td></td><td></td><td></td><td></td></tr>
<tr><td>日期</td><td></td><td></td><td></td><td></td><td></td><td></td><td></td><td></td><td></td><td></td><td></td><td></td></tr>
<tr><td>总降水量</td><td></td><td></td><td></td><td></td><td></td><td></td><td></td><td></td><td></td><td></td><td></td><td></td></tr>
<tr><td>降水天数</td><td></td><td></td><td></td><td></td><td></td><td></td><td></td><td></td><td></td><td></td><td></td><td></td></tr>
<tr><td colspan="2" rowspan="2">全年统计</td><td colspan="2">最大</td><td colspan="3"></td><td colspan="2" rowspan="2">总降水量</td><td colspan="2" rowspan="2"></td><td colspan="2" rowspan="2">总降水天数</td><td rowspan="2"></td></tr>
<tr><td colspan="2">日期</td><td colspan="3"></td></tr>
<tr><td colspan="2">备注</td><td colspan="12"></td></tr>
</table>

5. 绘制降水量过程线图

根据降水量统计表，绘制降水量过程线图，如图1.3.2所示。通过过程线图可以直观得到降水量的变化规律。从图1.3.2中发现，7—9月降水量多，2000年7月上旬，降水量最大，最大降水量达到120mm。

6. 气温监测资料整理分析

气温监测结果按年统计，见表1.3.3。日平均气温年度统计表中还应计算特征气温

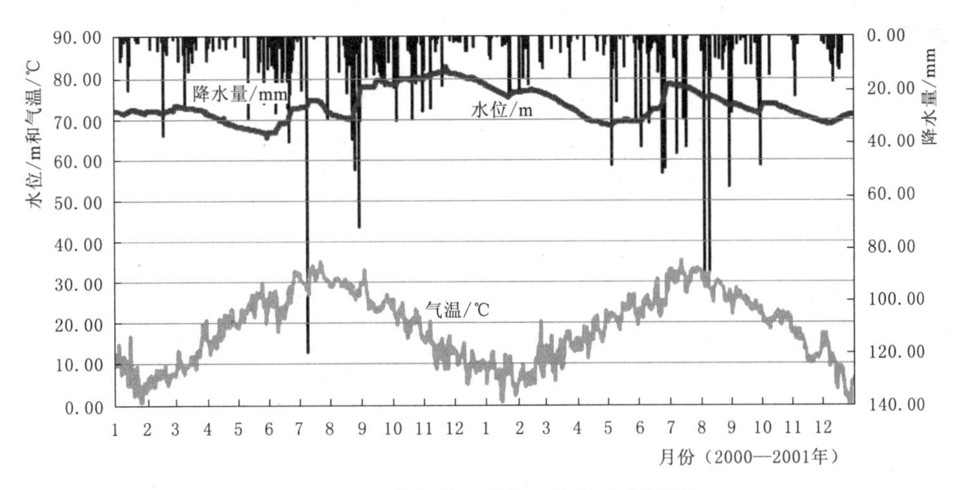

图1.3.2　降水量、水位、气温过程线图

值。各月特征值包括各月的日最高气温、最高气温日期、日最低气温、最低气温日期、月平均气温；全年特征值包括全年日最高气温、最高气温日期、日最低气温、最低气温日期，年均气温。

表1.3.3　　　　　　　　　　　年日平均气温统计表

<table>
<tr><td colspan="2" rowspan="2">日期</td><td colspan="12">月　份</td></tr>
<tr><td>1</td><td>2</td><td>3</td><td>4</td><td>5</td><td>6</td><td>7</td><td>8</td><td>9</td><td>10</td><td>11</td><td>12</td></tr>
<tr><td colspan="2">01</td><td></td><td></td><td></td><td></td><td></td><td></td><td></td><td></td><td></td><td></td><td></td><td></td></tr>
<tr><td colspan="2">02</td><td></td><td></td><td></td><td></td><td></td><td></td><td></td><td></td><td></td><td></td><td></td><td></td></tr>
<tr><td colspan="2">⋮</td><td></td><td></td><td></td><td></td><td></td><td></td><td></td><td></td><td></td><td></td><td></td><td></td></tr>
<tr><td colspan="2">31</td><td></td><td></td><td></td><td></td><td></td><td></td><td></td><td></td><td></td><td></td><td></td><td></td></tr>
<tr><td rowspan="5">全月统计</td><td>最高/℃</td><td></td><td></td><td></td><td></td><td></td><td></td><td></td><td></td><td></td><td></td><td></td><td></td></tr>
<tr><td>日期</td><td></td><td></td><td></td><td></td><td></td><td></td><td></td><td></td><td></td><td></td><td></td><td></td></tr>
<tr><td>最低/℃</td><td></td><td></td><td></td><td></td><td></td><td></td><td></td><td></td><td></td><td></td><td></td><td></td></tr>
<tr><td>日期</td><td></td><td></td><td></td><td></td><td></td><td></td><td></td><td></td><td></td><td></td><td></td><td></td></tr>
<tr><td>均值/℃</td><td></td><td></td><td></td><td></td><td></td><td></td><td></td><td></td><td></td><td></td><td></td><td></td></tr>
<tr><td colspan="2" rowspan="2">全年统计</td><td colspan="2">最高/℃</td><td colspan="3"></td><td colspan="2">最低/℃</td><td colspan="3"></td><td rowspan="2">均值/℃</td><td rowspan="2"></td></tr>
<tr><td colspan="2">日期</td><td colspan="3"></td><td colspan="2">日期</td><td colspan="3"></td></tr>
<tr><td colspan="2">备注</td><td colspan="12"></td></tr>
</table>

根据气温统计表绘制气温过程线图，如图1.3.2所示，从图1.3.2中发现，每年7月气温最高，2月气温最低。

同一个项目几个测点的测值（如环境量监测值）过程线可以绘制在一张图上，如图1.3.2所示，以便于对比分析，从图中可以发现水位、降水量的关联度。

结合本次工作任务学习情况，总结学习要点、个人收获等内容。

技能训练

一、基础知识测试

1. 监测资料日常整理要求：（　　）。

A. 在环境量监测前，应检查各监测项目原始监测数据的准确性、可靠性和完整性

B. 在环境量监测完成后，发现有误读，应做好备注情况

C. 在环境量监测完成后，发现有漏测，应及时复测，并记录

D. 在环境量监测完成后，发现有误读，应及时纠正，填入正确值

2. 环境量监测资料整编分析目的：(　　)。

A. 通过监测物理量的大小、发现其变化规律、趋势及效应量与原因量之间（或几个效应量之间）的关系和相关的程度

B. 判断成果是否齐全

C. 判断数据是否完成

D. 判断大坝是否安全

二、技能训练

已知某水库 2019 年库水位和降雨量由水雨情自动测报系统监测，水库水位每天定时观测，降水量每天进行统计，水库水位和降水量分别按照规范整理，见表 1.3.4、表 1.3.5。试分析：

(1) 水库月降水总量、月降水天数、月最大降水量及日期、年降水量、年降水天数、全年最大降水量及日期、全年最大连续 3d 降水量及日期。

(2) 月平均水位、月最高水位、月最低水位及相应日期；年平均水位，年最高水位、最低水位及相应日期。

表 1.3.4　　某水库坝前逐日降水量统计表　　单位：mm

日＼月	1	2	3	4	5	6	7	8	9	10	11	12
1	0.94	4.05	0.16				0.08	0.06			0.93	
2		0.07	0.09					24.88			0.48	
3		0.78	0.36					11.34	0.22			
4			0.60					1.18	7.20			
5		0.17		15.26			33.62	1.93	8.86			
6				4.90	6.03	1.14	2.40				0.80	
7					18.91	19.03			0.23			
8	0.05				3.74				10.50			
9					16.28		0.04		5.42			0.52
10					0.70	13.75			12.06		6.63	
11						1.69			1.60		0.13	
12							2.18		1.54		8.30	
13			1.00				16.67	0.22			0.50	
14							4.78				1.44	
15										5.18		
16							2.95					
17					0.31		0.16			7.19		
18			6.76		10.80		19.24			0.04		
19							9.90					

续表

日＼月	1	2	3	4	5	6	7	8	9	10	11	12
20			0.13	4.60		3.60	23.12					
21	0.44			0.06		32.16	2.29					
22	1.60		0.72	8.14		0.63	0.82				0.52	
23	0.12		1.96	0.58		1.10		4.92	0.65		0.53	
24			0.36			3.24		101.87	44.81		6.01	
25			0.15		1.56	27.63		44.48	22.70		0.24	
26			28.58		38.10							
27			2.09		1.78							
28								0.02	0.86			
29				0.36	6.85		3.08	7.46				
30	6.54			30.50	3.14	1.22	21.50			5.40		
31	2.24				0.40		0.58			16.34		
月总量	11.93	5.07	42.96	64.40	111.15	105.20	141.00	198.36	116.65	34.15	26.51	0.52
降水天数	7 天	4 天	13 天	8 天	13 天	11 天	17 天	11 天	13 天	5 天	12 天	1 天
月最大	6.54	4.05	28.58	30.50	38.10	32.16	33.62	101.87	44.81	16.34	8.30	0.52
日期	30 日	1 日	26 日	30 日	26 日	21 日	5 日	24 日	24 日	31 日	12 日	9 日
年降水量		862.00		最大 1d		101.87		最大 3d		151.27		
年降水天数		115 天		日期		8 月 24 日		日期		8 月 23 日	8 月 24 日	8 月 25 日

表 1.3.5　　某水库库水位统计表　　单位：m

日＼月	1	2	3	4	5	6	7	8	9	10	11	12
1	142.00	141.94	142.30	143.51	143.99	146.00	143.38	140.23	147.24	150.17	149.41	148.57
2	141.96	141.95	142.32	143.54	143.97	145.78	143.39	140.23	147.39	150.16	149.39	148.52
3	141.91	141.97	142.34	143.58	143.97	145.52	143.39	140.42	147.47	150.12	149.37	148.50
4	141.88	141.99	142.35	143.61	144.00	145.25	143.39	140.32	147.53	150.10	149.34	148.46
5	141.84	141.99	142.36	143.64	144.04	144.97	143.49	140.16	147.56	150.06	149.31	148.44
6	141.85	142.02	142.36	143.68	144.06	144.69	143.72	139.95	147.61	150.00	149.28	148.40
7	141.84	142.03	142.38	143.90	114.12	144.48	143.83	139.71	147.64	149.94	149.24	148.38
8	141.85	142.04	142.38	144.10	144.23	144.22	143.88	139.45	147.67	149.92	149.22	148.34
9	141.85	142.05	142.38	144.20	144.43	143.95	143.91	139.11	147.71	149.90	149.17	148.31
10	141.85	142.06	142.39	144.29	144.99	143.68	143.92	138.00	147.78	149.90	149.16	148.28
11	141.86	142.07	142.39	144.35	145.31	143.49	143.92	138.54	148.00	149.88	149.11	148.28

续表

日\月	1	2	3	4	5	6	7	8	9	10	11	12
12	141.85	142.09	142.39	144.39	145.52	143.47	143.92	138.25	148.13	149.85	149.10	148.25
13	141.86	142.09	142.40	144.43	145.65	143.50	143.95	137.94	148.23	149.84	149.07	148.22
14	141.87	142.09	142.41	144.46	145.72	143.51	143.90	137.64	148.28	149.82	149.05	148.19
15	141.88	142.11	142.41	144.48	145.81	143.34	143.67	137.30	148.34	149.80	149.02	148.15
16	141.88	142.12	142.41	144.49	145.87	143.12	143.38	136.97	148.37	149.79	148.99	148.12
17	141.88	142.11	142.41	144.50	145.91	142.86	143.09	136.62	148.36	149.80	148.96	148.08
18	141.89	142.13	142.45	144.48	145.95	142.59	142.90	136.29	148.36	149.77	148.93	148.04
19	141.88	142.14	142.47	144.48	146.00	142.28	142.64	135.94	148.38	149.74	148.88	148.02
20	141.89	142.14	142.49	144.49	146.04	141.94	142.74	135.87	148.38	149.72	148.86	147.98
21	141.89	142.15	142.52	144.52	146.06	141.78	142.72	135.81	148.36	149.70	148.83	147.99
22	141.92	142.17	142.53	144.52	146.10	141.75	142.52	135.76	148.35	149.66	148.81	147.98
23	141.91	142.18	142.54	144.54	146.12	141.71	142.32	135.72	148.33	149.65	148.79	147.97
24	141.91	142.19	142.57	144.53	146.12	141.63	142.09	135.95	148.54	149.62	148.77	147.97
25	141.92	142.12	142.57	144.45	146.14	141.93	141.85	142.10	149.39	149.59	148.73	147.96
26	141.92	142.29	142.67	144.35	146.14	142.73	141.65	144.37	149.83	149.56	148.71	147.96
27	141.91	142.25	142.94	144.23	146.47	143.02	141.45	145.24	150.01	149.53	148.67	147.95
28	141.92	142.26	143.15	144.12	146.61	143.17	141.17	145.81	150.12	149.50	148.64	147.93
29	141.92		143.29	144.01	146.56	143.27	140.87	146.31	150.18	149.47	148.62	147.94
30	141.92		143.38	143.99	146.41	143.34	140.59	146.75	150.18	149.44	148.59	147.93
31	141.93		143.46		146.21		140.50	147.05		149.44		147.91
月平均	141.89	142.09	142.56	144.19	145.44	143.43	143.00	139.70	148.39	149.79	149.00	148.16
月最高	142.00	142.29	143.46	144.54	146.61	146.00	143.95	147.05	150.18	150.17	149.41	148.57
日期	1日	26日	31日	23日	28日	1日	13日	31日	30日	1日	1日	1日
月最低	141.84	141.94	142.30	143.51	143.99	141.63	140.50	135.72	147.24	149.44	148.59	147.91
日期	5日	1日	1日	1日	1日	24日	31日	23日	1日	31日	30日	31日
年最高水位		150.18		年最低水位		135.72		年平均水位			142.95	
日期		2016-9-30		日期		2016-8-23						

模块 2　土石坝安全监测

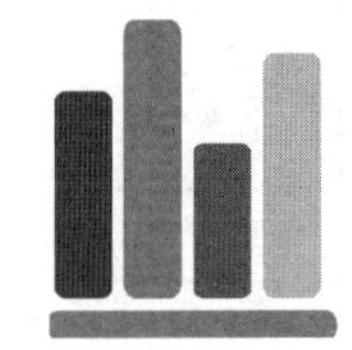

土石坝安全监测任务书

<table>
<tr><td colspan="3">模块名称</td><td>土 石 坝 安 全 监 测</td><td rowspan="4">参考课时/天</td><td>5</td></tr>
<tr><td colspan="3" rowspan="3">学习型工作任务</td><td>2.1 土石坝变形监测</td><td>2</td></tr>
<tr><td>2.2 土石坝渗流监测</td><td>2</td></tr>
<tr><td>2.3 土石坝监测资料整编与分析</td><td>1</td></tr>
<tr><td colspan="3">项目目标</td><td colspan="3">让学生掌握土石坝的变形监测、渗流观测的基本方法和操作步骤，能进行观测数据记录、整理和分析。</td></tr>
<tr><td colspan="2">教学
内容</td><td colspan="4">(1) 视准线法观测土石坝水平位移的方法。
(2) 水准法观测土石坝垂直位移的方法。
(3) 测压管法测定土石坝浸润线的方法。
(4) 土石坝渗流量观测的方法。
(5) 土石坝监测资料整编与分析方法</td></tr>
<tr><td rowspan="3">教学
目标</td><td>素质</td><td colspan="4">(1) 激发学习兴趣，培养创新意识。
(2) 树立追求卓越、精益求精的岗位责任，培养工匠精神。
(3) 传承大禹精神、红旗渠精神，增强职业荣誉感</td></tr>
<tr><td>知识</td><td colspan="4">(1) 掌握视准线法观测土石坝水平位移的方法。
(2) 掌握水准法观测土石坝垂直位移的方法。
(3) 掌握测压管法测定土石坝浸润线的方法。
(4) 掌握土石坝渗流量观测的方法。
(5) 掌握土石坝监测资料整编与分析方法</td></tr>
<tr><td>技能</td><td colspan="4">(1) 会利用视准线法观测土石坝水平位移。
(2) 会利用水准法观测土石坝垂直位移。
(3) 会利用测压管法测定土石坝浸润线。
(4) 会进行土石坝渗流量的观测。
(5) 会对土石坝监测资料进行整编与分析</td></tr>
<tr><td colspan="2">项目成果</td><td colspan="4">土石坝观测资料整理分析报告</td></tr>
<tr><td colspan="2">技术规范</td><td colspan="4">(1)《土石坝安全监测技术规范》(SL 551—2012)。
(2)《大坝安全监测仪器检验测试规程》(SL 530—2012)。
(3)《土石坝安全监测资料整编规程》(DL/T 5256—2010)</td></tr>
</table>

任务 2.1 土石坝变形监测

导向问题

变形是大坝结构性态和安全状况的最直观、最有效的反映，是大坝安全监测最主要的项目之一。变形监测的主要目的是掌握水工建筑物与地基变形的空间分布特征和随时间变化的规律，监控有害变形及裂缝等的发展趋势。

变形监测一般分为表面变形监测和内部变形监测，其中表面变形监测包括垂直位移和水平位移监测；内部变形监测主要有分层垂直位移、分层水平位移、界面位移、挠度和倾斜监测等。水平位移还可以划分为平行于坝轴线的水平位移和垂直于坝轴线的水平位移。其中平行于坝轴线的水平位移在重力坝中称为左右岸方向水平位移，在拱坝中称为切向水平位移，在土石坝中称为纵向水平位移；垂直于坝轴线的水平位移在重力坝中称为上下游水平位移，在拱坝中称为径向水平位移，在土石坝中称为横向水平位移。大坝与地基、高边坡、地下洞室等变形发展到一定限度后就会出现裂缝，裂缝的深度、分布范围、稳定性等对结构与地基安全影响重大。同时，为了适应温度及不均匀变形等要求，水工建筑物自身设计有各种接缝，接缝处的变形过大将造成止水的撕裂而出现集中渗漏等问题，因此，裂缝监测亦不容忽视。

对于土石坝而言，必设的变形监测项目是表面水平位移和表面垂直位移监测。那么，土石坝水平位移和垂直位移观测常用的方法有哪些?

相关知识

横向水平位移常用的观测方法有视准线法、引张线法、激光准直法、边角网法、交会法、导线法及 GPS 技术等。对于土石坝，横向水平位移监测可采用视准线法、前方交会法、极坐标法和 GPS 法，下面介绍视准线法。

2.1.1 视准线法观测土石坝水平位移

视准线法又称方向线法，以经过光学仪器的视准线建立一个平行或通过坝轴线的固定铅直平面作为基准面，定期观测确定点位与基准面间的偏离值，两次测得的偏离值的差即为该点的水平位移。

视准线法是测定坝体横向水平位移的主要方法之一，该方法操作简便，计算容易，观测成果可靠，尤其是对坝轴线为直线的大坝较为适用。

1. 视准线法观测原理

视准线法观测坝体水平位移的原理如图 2.1.1 所示，在坝端两岸山坡上设工作基点 A 和 B，将经纬仪安置在 A 点（或 B 点），后视 B 点（或 A 点）固定觇标，构成视准线。

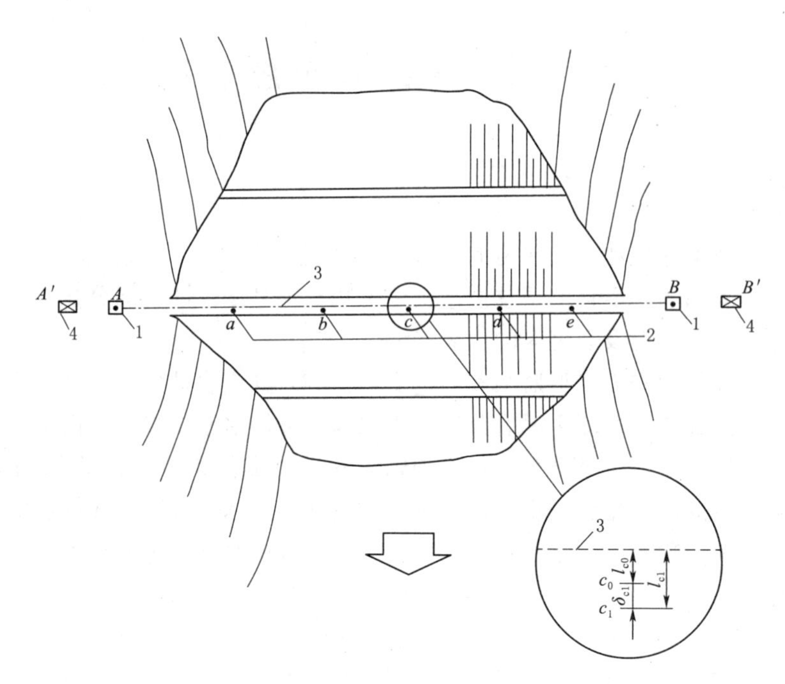

图 2.1.1　视准线法观测坝体水平位移示意图

1—工作基点；2—位移标点；3—视准线；4—校核基点

由于 A、B 点在两岸山坡上，不受土坝变形影响，因此 AB 构成的视准线是固定不变的，以此作为观测坝体变形的基准线。然后沿视准线在坝体上每隔适当距离埋设水平位移标点，如 a、b、c、d、e。首次测出标点中心离视线的距离 l_{a0}、l_{b0}、l_{c0}、l_{d0}、l_{e0}，作为初测成果，记录了各位移标点与视准线的相对位置。

当坝体发生水平位移后，各位移标点与视准线相对位置发生变化。再次测出各位移标点离视准线的距离 l_{a1}、l_{b1}、l_{c1}、l_{d1}、l_{e1}，与初测成果的差值即为该位移标点在垂直视准线方向的水平位移量。以 c 点为例，初测成果为 l_{c0}，变位后离视准线距离为 l_{c1}，l_{c1}与 l_{c0}的差值即为位移标点 c 的水平位移量 δ_{c1}。

2. 测点的布设

为了全面掌握土坝的水平位移规律，同时观测工作不能过于繁重，就要在土坝坝体上选择有代表性的部位布设适当数量的测点进行观测。水平位移的测点分为三级：位移标点、工作基点和校核基点。一般布置原则如下：

（1）位移标点布置在坝体上。观测横断面选择在最大坝高处、原河床处、合龙段、地形突变处、地质条件复杂处、坝内埋管及运行有异常反应处，一般不少于 3 个。

（2）观测纵断面一般不少于 4 个，通常在坝顶的上游、下游两侧布设 1～2 个；上游坝坡正常蓄水位以上 1 个，正常蓄水位以下视需要设临时测点；下游坝坡半坝高以上 1～3 个，半坝高以下 1～2 个（含坡脚处 1 个）。对软基上的土石坝，还应在下游坝址外侧增设 1～2 个。

（3）坝长小于 300m 时，每排位移标点的间距宜取 20～50m；坝长大于 300m 时，宜

取 50～100m。

(4) 每排位移标点延长线两端山坡上各设一个工作基点。若坝轴线非直线或轴线长度超过 500m，可在坝体每一纵排标点中增设工作基点，并兼作标点。

(5) 为了校测工作基点有无变动，在两个工作基点延长线上各埋设一个校核基点，如图 2.1.1 所示。校核基点也可不设在视准线延长线上，而在每个工作基点附近，设置两个校核基点，使两校核基点与工作基点的连线大致垂直，用钢尺丈量以校测工作基点是否发生变位。

(6) 工作基点与校核基点都应布置在坚硬的岩石或坚固的土基上，应为不动点，且能避免自然因素和人为因素的影响。

3. 观测仪器和设备

(1) 观测仪器。视准线法观测水平位移，一般用经纬仪进行。

一般大型水库的土坝水平位移，可使用 J_6 级或 J_2 级经纬仪进行观测。土坝长度超过 500m 以及比较重要的水库，最好使用 J_1 级经纬仪进行观测。

对于视准线长度超过 500m（或曲线形坝）的变形观测可以采用徕卡或拓普康的全站仪观测。

(2) 观测设备。

1) 工作基点。工作基点是供安置经纬仪和觇标构成视准线的标点，有固定工作基点和非固定工作基点两种。埋设在两岸山坡上的工作基点，称为固定工作基点。当大坝较长或折线形坝需要在两个固定工作基点之间增设工作基点，这种工作基点埋设在坝体上，其本身随坝体变形而发生位移，故称为非固定工作基点。

工作基点应采用混凝土观测墩，其高度不宜小于 1.2m，顶部应设强制对中装置，对中误差不超过±0.1mm，盘面倾斜度不应大于 4′。建在基岩上的，可直接凿坑浇筑混凝土埋设；建在土基上的，应对基础进行加固处理。工作基点结构如图 2.1.2 所示。

2) 校核基点。校核基点的结构基本与工作基点相同。校核基点和工作基点的位置应具有良好视线（对空）条件，视线高出（旁离）地面或障碍物距离应在 1.5m 以上，并远离高压线、变电站、发射台站等，避免强电磁场的干扰。要求监测点旁离障碍物距离 1.0m 以上。工作基点和校核基点是测定坝体位移的依据，必须保证其不发生变位，一般需浇筑在基岩或原状土层上。

3) 位移标点。位移标点应与被监测部位牢固结合，能切实反映该位置变形，其埋设结构可依位移标点布设独立设计。

4) 观测觇标。位移观测所用的觇标，可分为固定觇标和活动觇标两种：①固定觇标设于后视工作基点上，供经纬仪瞄准构成视准线；②活动觇标是置于位移标点上供经纬仪瞄准对点的。

图 2.1.3 为简易活动觇标，觇标底缘刻有毫米分划，其零分划与觇标图案中线一致，注记分划向左右增加，供观测时读数用。应用简易活动觇标，位移标点顶部只需埋设刻有十字线的铁板，十字线中心即为位移标点中心。

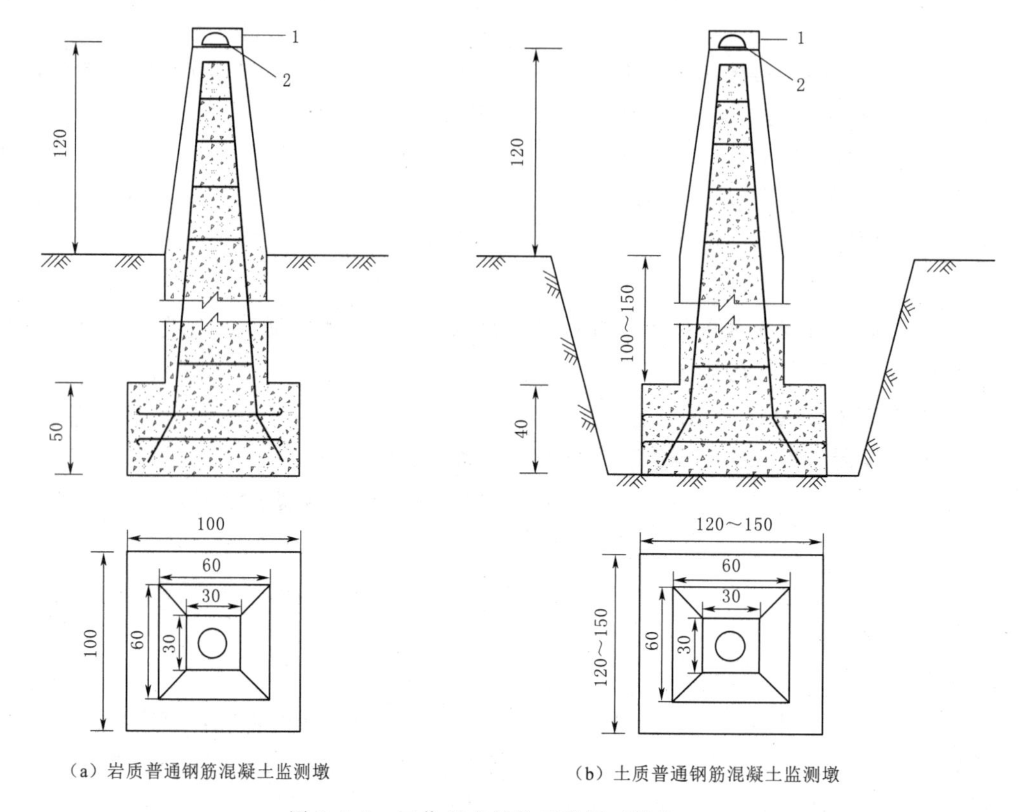

（a）岩质普通钢筋混凝土监测墩　　（b）土质普通钢筋混凝土监测墩

图2.1.2　工作基点结构示意图（单位：cm）
1—保护盖；2—强制对中基座

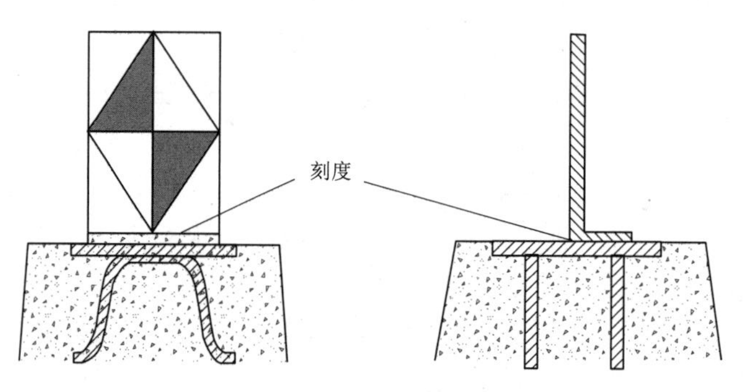

图2.1.3　简易活动觇标

4. 观测方法

用视线法观测水平位移，视线长度受光学仪器的限制，一般前视位移标点的视线长度在250～300m之内，可保证要求的精度。坝长超过500m或折线形坝，则需增设非固定工作基点，以提高精度。观测方法有活动觇牌法和小角法，下面介绍活动觇牌法。

对于坝长小于500m的坝，坝体位移标点可分别由两端工作基点观测，使前视距离不超过250m。观测时，在工作基点A上安置经纬仪，后视另一端的工作基点B的固定觇标，固定经纬仪上下盘。然后前视离基点A二分之一坝长范围内的位移标点。观测每个

位移标点时，用旗语或报话机指挥位于标点的持标者，移动位移标点上的活动觇标，使觇标中心线与望远镜竖丝重合，由持标者读出活动觇标分划尺上位移标点中心所对的读数，读数两次取均值。再倒镜观测一次，取正倒镜两次读数的平均值作为第一测回的成果，正镜或倒镜两次读数差应不大于 2mm。同法再测第二测回，两次测回观测值之差应不大于 1.5mm。如此，依次观测工作基点 A 至坝长中点之间的位移标点。再在工作基点 B 上安置经纬仪，后视工作基点 A，依次观测坝长中点至工作基点 B 之间的位移标点。

视准线法观测水平位移的记录表，可参考表 2.1.1 格式。

表 2.1.1　水平位移观测记录表

（视准线法）

测站 <u>A</u>　后视 <u>B</u>　观测者：________　记录者：________　校核者：________

单位：mm

<table>
<tr><th rowspan="2">测点</th><th rowspan="2">测回</th><th colspan="3">观测日期</th><th colspan="3">正镜读数</th><th colspan="3">反镜读数</th><th rowspan="2">一测回读数</th><th rowspan="2">二测回平均读数</th><th rowspan="2">埋设偏距</th><th rowspan="2">上次偏距</th><th rowspan="2">间隔位移量</th><th rowspan="2">累计位移量</th><th rowspan="2">备注</th></tr>
<tr><th>年</th><th>月</th><th>日</th><th>次数</th><th>读数</th><th>平均值</th><th>次数</th><th>读数</th><th>平均值</th></tr>
<tr><td rowspan="4">A3
(0+125)</td><td rowspan="2">一</td><td rowspan="4">01</td><td rowspan="4">11</td><td rowspan="4">25</td><td>1</td><td>+86.4</td><td rowspan="2">+85.4</td><td>1</td><td>+83.5</td><td rowspan="2">+83.0</td><td rowspan="2">+84.2</td><td rowspan="4">+83.8</td><td rowspan="4">+78.4</td><td rowspan="4">+82.2</td><td rowspan="4">+1.6</td><td rowspan="4">+5.4</td><td rowspan="4"></td></tr>
<tr><td>2</td><td>+84.4</td><td>2</td><td>+82.5</td></tr>
<tr><td rowspan="2">二</td><td>1</td><td>+84.2</td><td rowspan="2">+84.7</td><td>1</td><td>+81.4</td><td rowspan="2">+82.0</td><td rowspan="2">+83.4</td></tr>
<tr><td>2</td><td>+85.2</td><td>2</td><td>+82.6</td></tr>
</table>

注　1. 埋设偏距为位移标点初测成果，即首次观测的平均读数。
2. 位移方向向下游者读数为“＋”，向上游者读数为“－”。

2.1.2　水准法观测土石坝垂直位移

建筑物垂直位移观测分为表面垂直位移观测和内部垂直位移观测，一般通过水准法观测表面的垂直位移，通过在建筑物内部埋设观测仪器监测内部垂直位移。下面主要介绍表面垂直位移观测的水准法。

1. 水准法基本原理

垂直位移观测的测点一般为水准基点、起测基点和位移标点三级。在坝体上布置位移标点，在两岸坡布置起测基点，在受库水位变化影响较小的地基稳定处设置水准基点。由水准基点引测起测基点的高程，再由起测基点引测位移标点的高程，位移标点的高程变化量即为测点处的坝体垂直位移。

2. 测点布设及结构

（1）水准基点。水准基点是垂直位移观测的基准点，要求长期稳定且变形值小于观测误差。水准基点要求埋设处的地质条件良好，自身结构合理，一般在大坝下游 1～3km 处布设一组或两岸各布设一组水准基点，每个基点组设有三个或三个以上结构相同的水准点，组成边长约 50～100m 的等边三角形，以便检验水准基点的稳定性。

水准基点结构有土基标、岩石标、双金属标和钢管标等多种形式，工程中要选择合适的标志并设置在基岩上或深埋于原状土中，如图 2.1.4 所示。

（2）起测基点。起测基点又称工作基点，是测定垂直位移标点的起点或终点，通常在

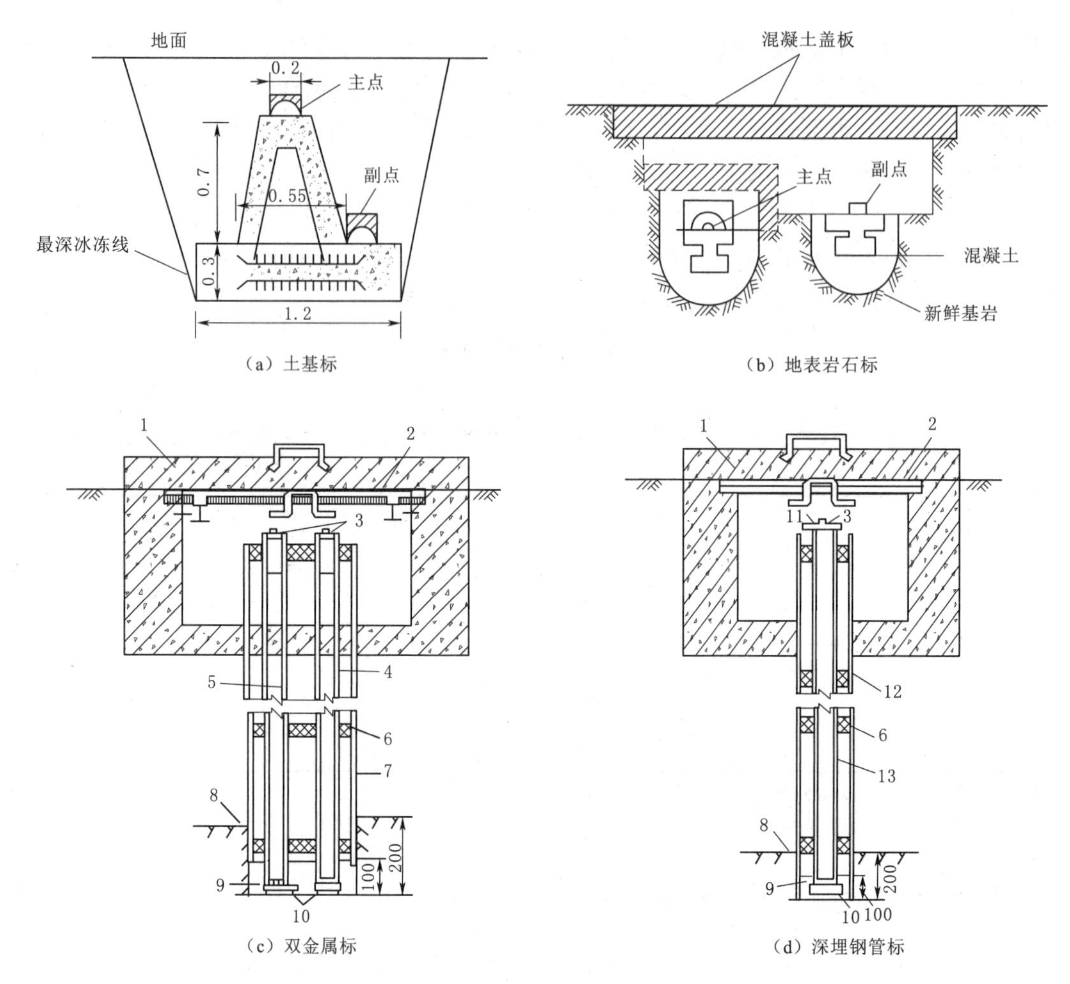

图 2.1.4　水准基点标示意图（单位：cm）

1—钢筋混凝土标盖；2—钢板标盖；3—标心；4—钢心管；5—铝心管；6—橡胶环；7—钻孔保护管；8—新鲜基岩；9—M20 水泥砂浆；10—心管底板和根络；11—测温孔；12—钻孔保护管（钢管）；13—心管（钢管）

坝体两侧附近选择坚实可靠的地方埋设。起测基点高程与所测定的垂直位移标点不宜相差过大，而且最好每排位移标点的延长线上都布置起测基点，如坝顶廊道或坝基两岸的山坡上，对于土坝可在每一纵排标点两端岸坡上各布设一个。起测基点的土基标和岩基标两种结构型式如图 2.1.5 所示。

（3）位移标点。垂直位移标点的设置应以适当数量的观测点较全面地反映大坝变形为原则，对于重要的部位可适当增加标点。一般将大坝的垂直位移标点和水平位移标点综合布置在一起，即在水平位移标点顶部的观测盘上加设一个圆顶的金属标点头，称为综合标，如图 2.1.6 所示。如水平位移标点的柱身露出坝面较高，水准测量时不便立尺，可将金属标点头埋设于柱身侧面。

3. 水准观测方法

水准仪按其精度可以分为普通水准仪和精密水准仪两大类，一般情况下，中小型土坝或一般大型土石坝工程，可使用普通水准仪测量。重要的土坝及混凝土坝，观测精度要求

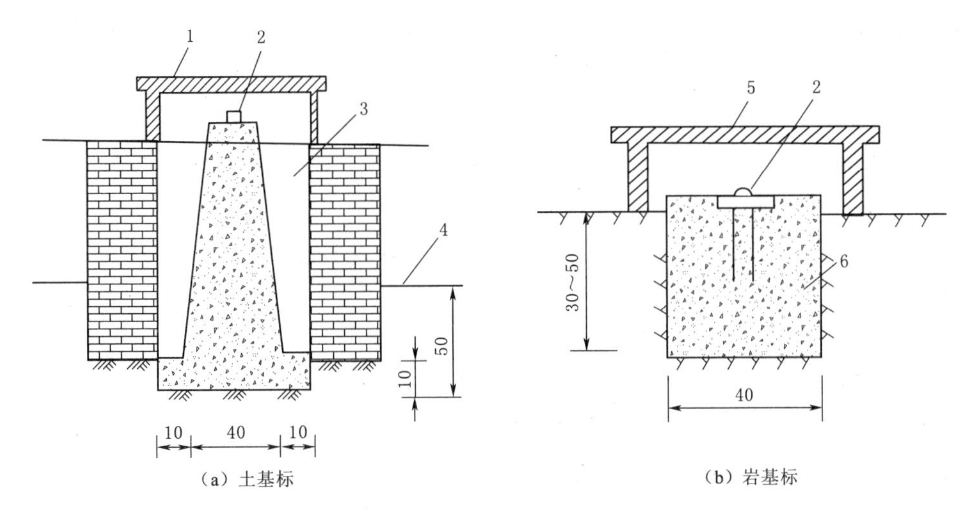

(a) 土基标　　(b) 岩基标

图 2.1.5　起测基点标示意图（单位：cm）

1—盖板；2—标点；3—填砂；4—冰冻线；5—保护板；6—混凝土

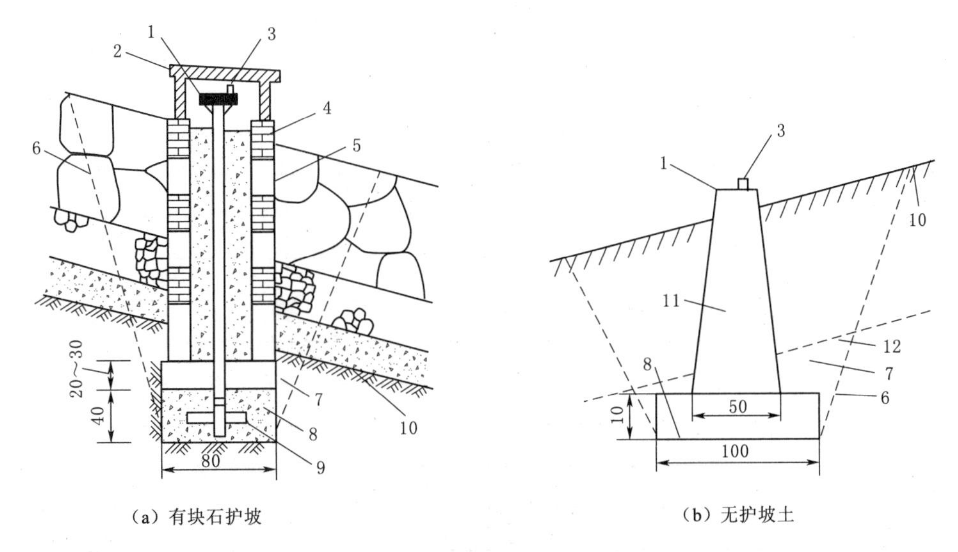

(a) 有块石护坡　　(b) 无护坡土

图 2.1.6　土石坝位移标点结构示意图（单位：cm）

1—观测盘；2—保护盖；3—垂直位移标点；4—ϕ50mm 铁管；5—填砂；6—开挖线；7—回填土；8—混凝土底座；9—铁销；10—坝体；11—柱身；12—最深冰冻线

较高，需采用精密水准仪测量。

首先校核起测基点的高程。将起测基点与水准基点构成闭合环线，按国家一等、二等水准的要求进行联测来校核起测基点是否位移，根据需要每年或者几年校核一次。

垂直位移的观测，一般从坝一端的起测基点开始，测定若干个垂直位移标点后，到坝另一端的起测基点结束，构成闭合水准路线，常需按三等、四等水准测量的要求进行。

坝体各垂直位移标点的高程是由起测基点算起的。当起测基点校测有沉降时，应计算出起测基点的沉降量，并在计算出坝体各标点的垂直位移后，对各标点的垂直位移进行改正，从而得到以首次观测值为参考的垂直位移。对垂直位移的改正工作，可放在年度资料整理分析时进行。

结合本次工作任务学习情况，总结学习要点、个人收获等内容。

技能训练

一、基础知识测试

1. 对于土石坝而言，必设的变形监测项目是（　　）。

A. 分层垂直位移

B. 界面位移

C. 挠度和倾斜监测

D. 表面水平位移和表面垂直位移

2. 下面选项不属于土石坝水平位移观测常用的方法为（　　）。

A. 三角高程法　　B. 视准线法　　C. 前方交会法　　D. GPS 法

3. 经纬仪视准线法一般只适用于在坝轴线为直线的大坝中测定（　　）于坝轴线方向的位移量。

A. 垂直　　B. 平行　　C. 垂直或竖直　　D. 垂直或平行

4. 下列关于视准线法的说法不正确的是（　　）。

A. 观测墩上应设置强制对中底盘

B. 一条视准线只能监测一个测点

C. 对于重力坝，视准线的长度不宜超过 300m

D. 受大气折光的影响，精度一般较低

5. 水准基点是垂直位移观测以及其他高程测量的基准点，如稍有变动而又未被发现则会影响到整个观测成果的（　　）。

A. 真实性　　B. 可行性　　C. 准确性　　D. 可靠性

二、技能训练

已知某水库坝体水平位移采用视准线法进行观测，水平位移观测记录（活动觇牌法）见表 2.1.2，简述视准线法水平位移观测步骤，并完成水平位移观测记录表。

表 2.1.2　　水平位移观测记录表

（视准线法）

测站＿＿　　后视＿＿　　观测者：＿＿＿＿　　记录者：＿＿＿＿　　校核者：＿＿＿＿

单位：mm

测点	测回	观测日期			正镜读数			反镜读数			一测回读数	二测回平均读数	埋设偏距	上次偏距	间隔位移量	累计位移量	备注
		年	月	日	次数	读数	平均值	次数	读数	平均值							
A6 (0+100)	一	2008	11	25	1	+86.4		1	+84.5				+79.4	+83.6			
					2	+85.2		2	+85.5								
	二				1	+84.2		1	+83.4								
					2	+84.9		2	+85.6								

注　1. 埋设偏距为位移标点初测成果，即首次观测的平均读数。

2. 位移方向向下游者读数为“+”，向上游者读数为“—”。

任务 2.2　土石坝渗流监测

导向问题

水库建成蓄水后，在上下游水头差的作用下，坝体和坝基会出现渗流。渗流分异常渗流和正常渗流。能引起土体渗透破坏或渗流量影响到蓄水兴利的，称为异常渗流；反之，渗水从原有防渗排水设施渗出，其逸出坡降不大于允许值，不会引起土体发生渗透破坏的，则称为正常渗流。异常渗流往往会逐渐发展并对建筑物造成破坏。对于正常渗流，水利工程中是允许的。但是在一定外界条件下，正常渗流有可能转化为异常渗流。所以，对水库中的渗流现象，必须要有足够的重视，并进行认真的检查观测，从渗流的现象、部位、程度来分析并判断工程建筑物的运行状态，保证水库安全运用。

土石坝渗流观测的项目包括：坝体浸润线观测、坝基渗流压力观测、绕坝渗流观测及渗流量观测等。那么，坝体浸润线和渗流量观测用什么方法？

2.2.1　测压管法测定土石坝浸润线

土石坝浸润线的观测，最常用的方法是在坝体选择有代表性的横断面作为观测断面。在观测断面上埋设一定数量的测压管，通过测量测压管中的水位来获得浸润线的位置。

1. 测压管的布置

(1) 坝体监测横断面。坝体浸润线监测横断面宜选在最大坝高处、合龙段、地形地质条件复杂坝段、坝体与穿坝建筑物接触部位、已建大坝渗流异常部位等，不宜少于 3 个监测断面。

(2) 监测横断面上的测线布置。监测横断面上的测线布置应根据坝型结构、断面大小和渗流场特征布设，每个监测断面不宜少于 3 条监测线。

1) 均质坝的上游坝体、下游排水体前缘各 1 条，其间部位至少 1 条。

2) 斜墙（或面板）坝的斜墙下游侧底部、排水体前缘和其间部位各 1 条。

3) 宽塑性心墙坝、心墙体内可设 1～2 条，心墙下游侧和排水体前缘各 1 条。窄塑性、刚性心墙坝或防渗墙、心墙体外上下游侧各 1 条，排水体前缘 1 条，必要时可在心墙体轴线处设 1 条。

各种不同坝型的测压管布置如图 2.2.1～图 2.2.4 所示。

(3) 监测线上的测点布置。监测线上的测点应根据坝高、填筑材料、防渗结构、渗流场特征，并考虑能通过流网分析确定浸润线位置，沿不同高程布点。

1) 在浸润线缓变区，如均质坝横断面中部，心墙坝和斜墙坝的强透水料区，每条线上可只设 1 个监测点，高程应在预计最低浸润线之下。

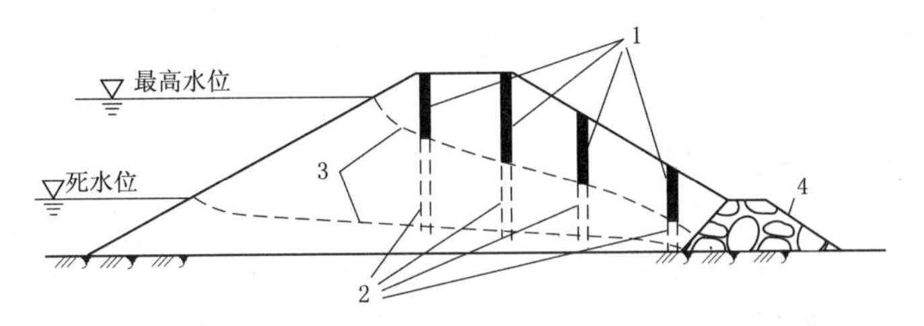

图 2.2.1　均质土坝（有反滤坝趾）测压管布置示意图

1—测压管；2—进水管段；3—浸润线；4—反滤坝趾

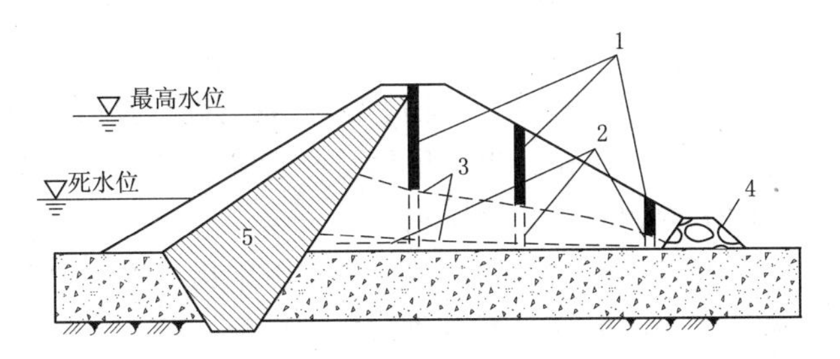

图 2.2.2　斜墙坝测压管布置示意图

1—测压管；2—进水管段；3—浸润线；4—反滤坝趾；5—斜墙

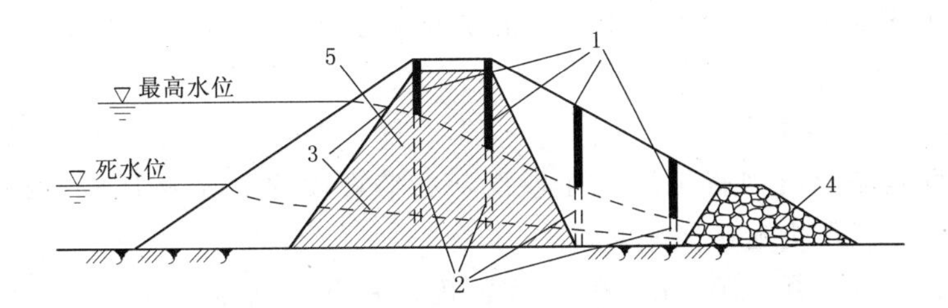

图 2.2.3　宽心墙坝测压管布置示意图

1—测压管；2—进水管段；3—浸润线；4—反滤坝趾；5—宽心墙

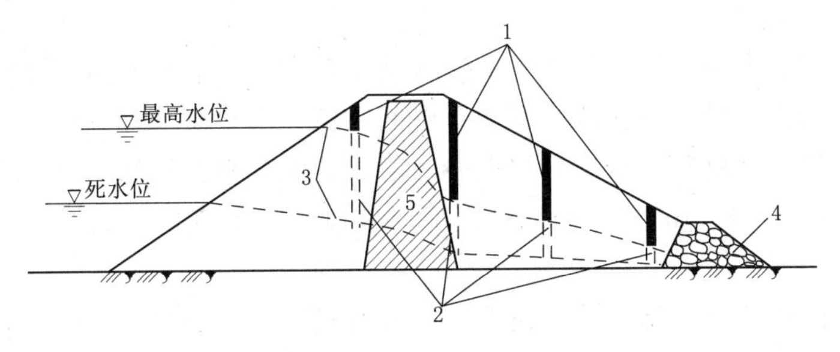

图 2.2.4　窄心墙坝测压管布置示意图

1—测压管；2—进水管段；3—浸润线；4—反滤坝趾；5—心墙

2）在渗流进、出口段，渗流各向异性明显的土层中，以及浸润线变幅较大处，应根据预计浸润线的最大变幅沿不同高程布设测点，每条线上的测点数不宜少于 2 个。

2. 测压管的结构

测压管主要由透水管段、导水管段及管口保护装置组成。测压管宜采用镀锌钢管或硬塑料管，内径宜采用 50mm。

（1）透水管段。透水管段又称花管。为了能使坝体中的水较快地渗入测压管中，透水管段管壁上需钻有足够数量的进水孔。孔径一般为 6～8mm，孔与孔的纵距为 100～120mm，面积开孔率宜为 10%～20%，进水孔呈梅花形分布，排列均匀、内壁无毛刺，外部包扎无纺土工织物。

透水管的长度，对于一般土料与粉细砂，应自设计最高浸润线以上 0.5m 至最低浸润线以下 1.0m，以保证在不同库水位时均能反映其所在位置的渗透水头；在粗粒径透水土料中则不应小于 3.0m；用于点压力监测时宜长 1～2m；管底封闭，不留沉淀管段。

透水管段可用导管管材加工制作，也可采用与导管等直径的多孔聚乙烯过滤管或透水石管作透水段。测压管的结构如图 2.2.5 所示。

（2）导水管段。导水管接在透水管的上端，一直引申出坝面，以测量管中水位。导管的材料和直径应与进水管相同，但管壁不需要钻孔。导管一般为直管，当用于观测斜墙下游或铺盖下的测压管水位时，则采用 L 形导管。

（3）管口保护装置。一般无压测压管管口保护装置可采用混凝土预制件、现浇混凝土或砖石砌筑，并宜安装如钢板保护盒盖等，有压测压管应安装压力表。无压、有压测压管管口装置及保护均要求结构简单、牢固，能防止雨水流入和人畜破坏，并能锁闭且开启方便。

3. 测压管的安装与埋设

测压管一般是在土石坝竣工后钻孔埋设，水平管段的 L 形测压管，在施工期埋设。测压管埋设应符合以下规定：

（1）钻孔直径宜采用 110mm，在 50m 深度内钻孔倾斜度不应大于 3°，严禁泥浆护壁。需要防止塌孔时，可采用套管护壁，如预计难以拔出，应事先在监测部位的套管壁上钻好透水孔。终孔后，宜测量孔斜，以便准确确定测点位置。埋设前，应对钻孔深度、孔底高程、孔内水位、有无塌孔以及测压管加工质量、各管段长度、接头、管盖等进行全面检查并做好记录。

（2）下管前，应先在孔底填约 20cm 厚的反滤料，然后将测压管逐根对接下入孔内。待测压管全部下入孔内后，应在测压管与孔壁间回填反滤料至设计高程。对黏壤土或砂壤土可用细砂作反滤料；对砂砾石层可用细砂、粗砂的混合料。反滤层以上用膨胀土泥球封孔，泥球应由直径 5～10mm 的不同粒径组成，应风干，不宜日晒或烘烤。封孔厚度不宜小于 4.0m。

（3）在岩体内钻孔埋设测压管，花管周围宜用粗砂或细砾料作反滤料，导管段宜用泥砂浆或水泥膨润土浆封孔回填，反滤料与封孔料之间可用 20cm 厚细砂过渡。

（4）测压管封孔回填完成后，应向孔内注水进行灵敏度试验，应在地下水位较为稳时进行。试验前先测定管中水位，然后向管内注水。若透水段周围为壤土料，注水量相当于

每米测压管容积的 3～5 倍；若为砂砾料，则为 5～10 倍。注入后不断观测水位，直至恢复到或接近注水前的水位。对于黏壤土，注入水位在 120h 内降至原水位为合格；对于砂壤土，24h 内降至原水位为合格；对于砂砾料，1～2h 降至原水位或注水后水位升高不到 3～5m 为合格。检验合格后，安设管口保护装置，如图 2.2.6 所示。

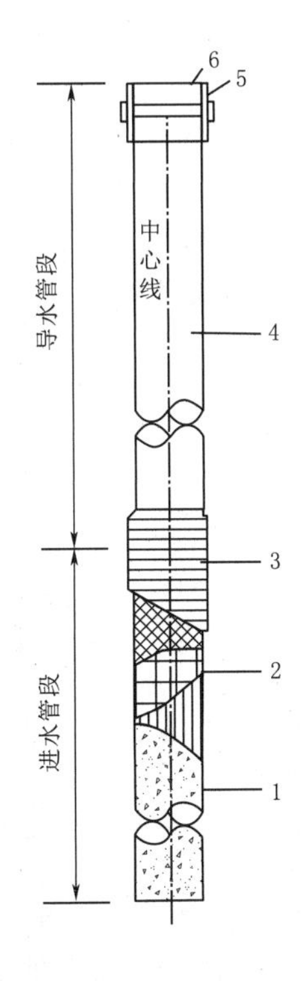

图 2.2.5　测压管布置示意图

1—进水孔；2—土工织物过滤层；3—外缠铅丝；4—金属管或硬工程塑料管；5—管盖；6—电缆出线及通气孔

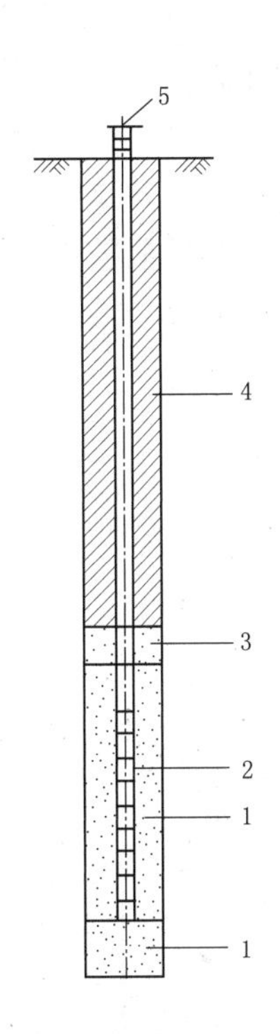

图 2.2.6　测压管安装埋设示意图

1—中粗砂反滤；2—测压管；3—细砂；4—封孔料；5—管盖

4. 测压管水位的观测

（1）观测要求。测压管中水位观测，通常是利用观测仪器先测量出管中水面到测压管管口的距离，则测压管水位等于管口高程与管口至管中水面距离的差。

测压管水位的观测，宜采用电测水位计。有条件的可采用自记水位计或水压力计等。

测压管水位，每次应平行测读 2 次，其读数差不应大于 1cm；电测水位计的长度标记，应每隔 3～6 个月用钢尺校正；测压管的管口高程，在施工期和初蓄期应每隔 3～6 个月校测 1 次，在运行期每两年至少校测 1 次，疑有变化时随时校测。

（2）观测设备。

1）测深钟。测深钟构造最为简单，中小型水库都可进行自制。最简单的形式为上端封闭、下端开敞的一段金属管，长度为 30～50mm，好像一个倒置的杯子。上端系以吊索，如图 2.2.7 所示。吊索最好采用皮尺或测绳，其零点应置于测深钟的下口。

观测时，用吊索将测深钟慢慢放入测压管中，当测深钟下口接触管中水面时，将发出空筒击水的“嘭”声，即应停止下送。再将吊索稍为提上放下，使测深钟脱离水面又接触水面，发出“嘭、嘭”的声音。即可根据管口所在的吊索读数分划，测读出管口至水面的高度，计算出管内水位高程。

测压管水位高程＝管口高程－管口至水面高度

用测深钟观测，一般要求测读两次，其差值应不大于2cm。

2）电测水位计。电测水位计是利用水能导电或者利用水的浮力将导电的浮子托起接通电路的原理制成的。各单位自行制作的电测水位器形式很多，一般有测头、指示器和吊尺组成。测头可用钢质或铁质的圆柱筒，中间安装电极。利用水导电的测头安装有两个电极如图2.2.8（a）所示。也可只安装一个电极，而利用金属测压管作为一个电极，如图2.2.8（b）所示。

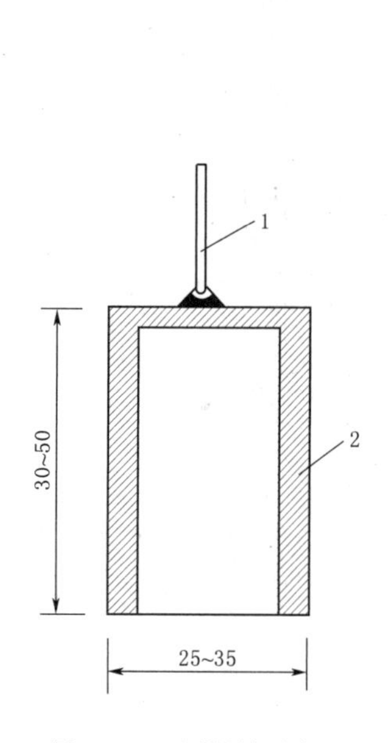

图2.2.7　测深钟示意图
（单位：mm）
1—吊索；2—测深钟

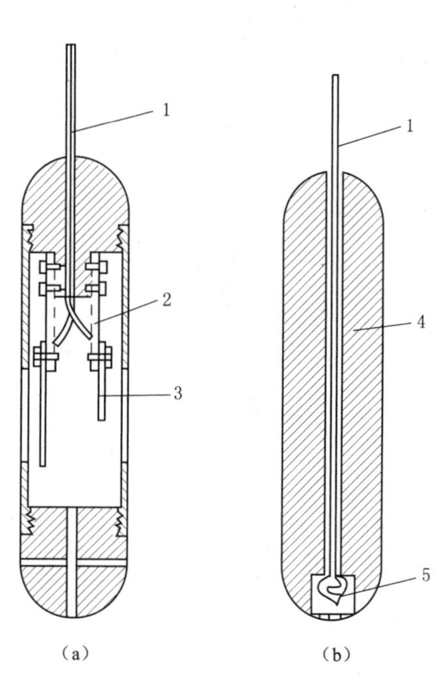

图2.2.8　测头构造示意图
1—电线；2—隔电板；3—电极；
4—金属短棒；5—电线头

电测水位计的指示器可采用电表、灯泡、蜂鸣器等。指示器与测头电极用导线连接。测头挂接在吊尺上，吊尺可用钢尺。连接时应使钢尺零点正好在电极入水构通电路处，或者用厚钢尺挂接，再加自钢尺零点至电极头的修正值。

观测时，用钢尺将测头慢慢放入测压管内，至指示器得到反映后，测读测压管管口的读数，然后计算管内水面高程。

测压管水位高程＝管口高程－管口至水面距离－测头入水引起水面升高值

其中，测头入水引起水面升高值可事先试验求得。

2.2.2　土石坝渗流量的观测

1. 目的与要求

水库的挡水建筑物蓄水运用后，必然产生渗流现象。在渗流处于稳定状态时，其渗流量将与水头的大小保持稳定的相应变化，渗流量在同样水头情况下的显著增加和减少，都意味着渗流稳定的破坏。渗流量的显著增加，有可能在坝体或坝基发生管涌或集中渗流通道；渗流量的显著减少，则可能是在排水体堵塞的原因。在正常条件下，随着坝前泥沙淤积，同一水位情况下的渗流量将会逐年缓降。

因此，进行渗流量观测，对于判断渗流是否稳定，掌握防渗和排水设施工作是否正常，具有很重要的意义，是保证水库安全运用的重要观测项目之一。

渗流量观测，根据坝型和水库具体条件不同，其方法也不一样。对土石坝来说，通常是将坝体排水设备的渗水集中引出，量测其单位时间的水量。对有坝基排水设备，如排水沟、减压井等的水库，也应将坝基排水设备的排水量进行观测。有的水库土石坝坝体和坝基渗流量很难分清，可在坝下游设集水沟，观测总的渗流量变化，也能据以判断渗流稳定是否遭受破坏。

渗流量观测必须与上游、下游水位以及其他渗透观测项目配合进行。土石坝渗流量观测要与浸润线观测、坝基渗水压力观测同时进行。根据需要，还应定期对渗流水进行透明度观测和化学分析。

2. 观测方法和设备

观测总渗流量通常应在坝下游能汇集渗流水的地方，设置集水沟，在集水沟出口处观测。

当渗流水可以分区拦截时，可在坝下游分区设集水沟进行观测，并将分区集水沟汇集至总集水沟，同时观测其总渗流量。

集水沟和量水设备应设置在不受泄水建筑物泄水影响和不受坝面及两岸排泄雨水影响的地方，并应结合地形尽量使其平直整齐，便于观测。图 2.2.9 为土坝渗流量观测设备布置图。观测渗流量的方法，根据渗流量的大小和汇集条件，一般可选用容积法、量水堰法和测流速法。

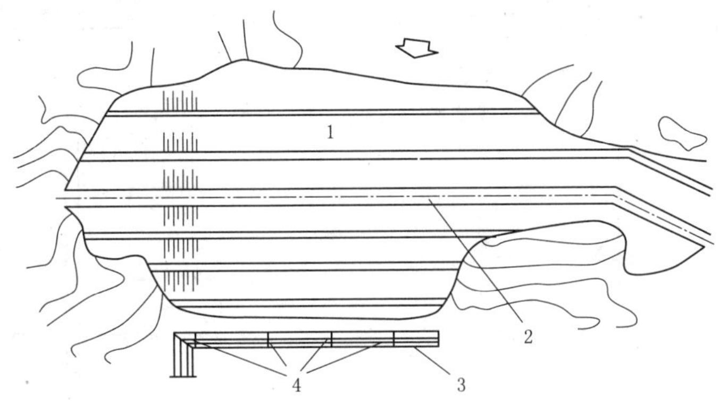

图 2.2.9　土坝渗流量观测设备布置
1—坝体；2—坝顶；3—集水沟；4—量水堰

(1) 容积法。容积法适用于渗流量小于 1L/s 或渗流水无法长期汇集排泄的地方。观测时需进行计时，当计时开始时，将渗流水全部引入容器内，计时结束时停止。量出容器内的水量，已知记取的时间，即可计算渗流量。

(2) 量水堰法。量水堰法适用于渗流量为 1～300L/s 范围内的情况。量水堰法就是在集水沟或排水沟的直线段上安装量水堰，用水尺量测堰前水位，根据堰顶高程计算出堰上水头 H，再由 H 按量水堰流量公式计算渗流量。安装量水堰时，使堰壁直立，且与水流方向垂直。堰板采用钢板或钢筋混凝土板，堰口做成向下游倾斜 45°的薄片状。堰口水流形态为自由式，测读堰上水头的水尺应设在堰板上游 3 倍以上堰口水头处。

量水堰按过水断面形状分为三角堰、梯形堰和矩形堰三种形式。

1) 三角堰。三角堰缺口为等腰三角形，一般采用底角为直角，如图 2.2.10 所示。三角堰适用于渗流量小于 100L/s 的情况，堰上水深一般不超过 0.35m，最小不宜小于 0.05m。

2) 梯形堰。梯形堰过水断面为梯形，边坡常用 1∶0.25，如图 2.2.11 所示。堰口应严格保持水平，底宽 b 不宜大于 3 倍堰上水头，最大过水深一般不宜超过 0.3m。适用于渗流量在 10～300L/s 的情况。

3) 矩形堰。矩形堰分为有侧收缩和无侧收缩。矩形堰适用于渗流量大于 50L/s 的情况。矩形堰堰口应严格保持水平，堰口宽度一般为 2～5 倍堰上水头，最小水头应大于 0.25m，最大应不超过 2.0m。

(3) 测流速法。当渗流量大于 300L/s 或受落差限制不能设量水堰，且能将渗水汇集到比较规则平直的集水沟时，可采用流速仪或浮标等观测渗水流速 v，然后测出集水沟水深和宽度，求得过水断面面积 A，按公式 $Q=vA$ 即可计算渗流量。

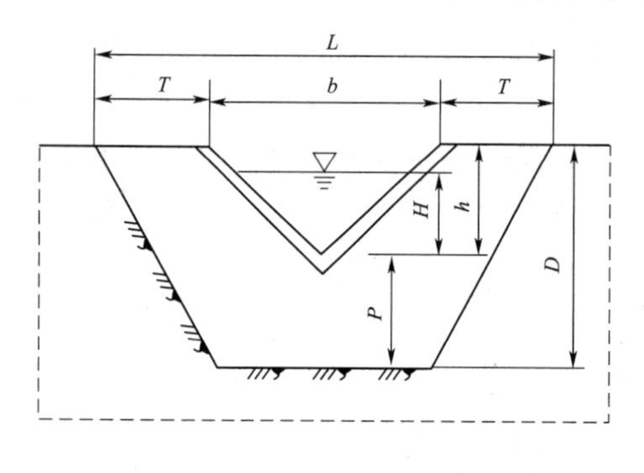

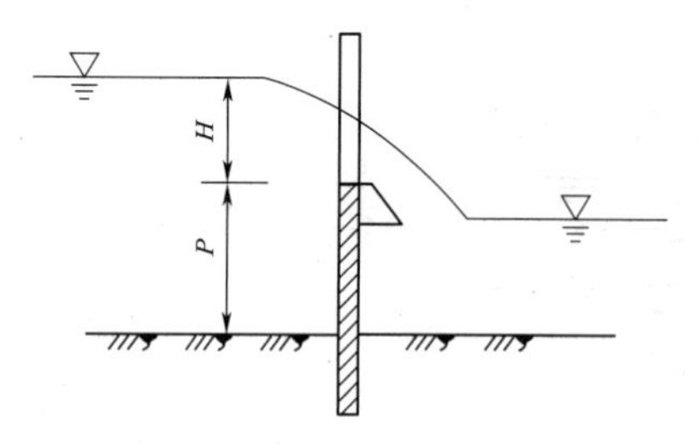

图 2.2.10　三角堰示意图

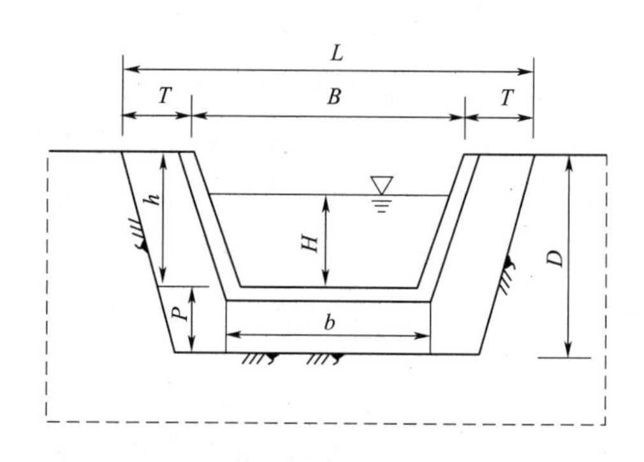

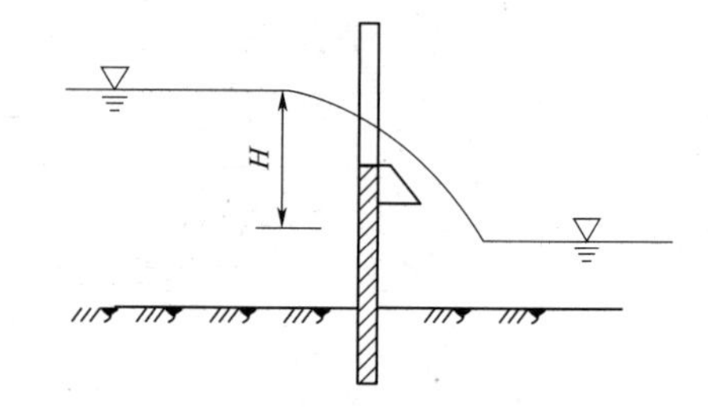

图 2.2.11　梯形堰示意图

结合本次工作任务学习情况，总结学习要点、个人收获等内容。

技能训练

一、基础知识测试

1. （　　）的观测是土石坝最重要的渗流监测项目。

A. 浸润线　　　　B. 周边缝渗水

C. 心墙渗水　　　　D. 扬压力

2. 测压管的埋设，除必须随坝体填筑适时埋设者外，一般应在土石坝（　　）用钻孔埋设。

A. 竣工后蓄水前　　　　B. 蓄水后

C. 坝体出现渗漏时　　　　D. 领导认为必要时

3. 测压管安装、封孔完毕后应进行灵敏度检验，检验方法采用注水试验，一般应在（　　）进行。

A. 任何时期都可以　　　　B. 水库蓄水前

C. 水库蓄水期　　　　D. 库水位稳定期

4. 不属于水工建筑物渗流观测的方法是（　　）。

A. 容积法　　　　B. 液体静力水准法

C. 量水堰法　　　　D. 测流速法

5. 渗流量的观测可采用量水堰或体积法，当采用水尺法测量水堰堰顶水头时，水尺精度不得低于（　　）。

A. 1mm　　　　B. 2mm　　　　C. 3mm　　　　D. 1cm

二、技能训练

某土石坝枢纽上游库水位、测压管水位变化过程如图 2.2.12 所示，试分析其变化规律，针对测压管水位非正常情况分析主要原因，并简述测压管水位变化滞后的影响因素。

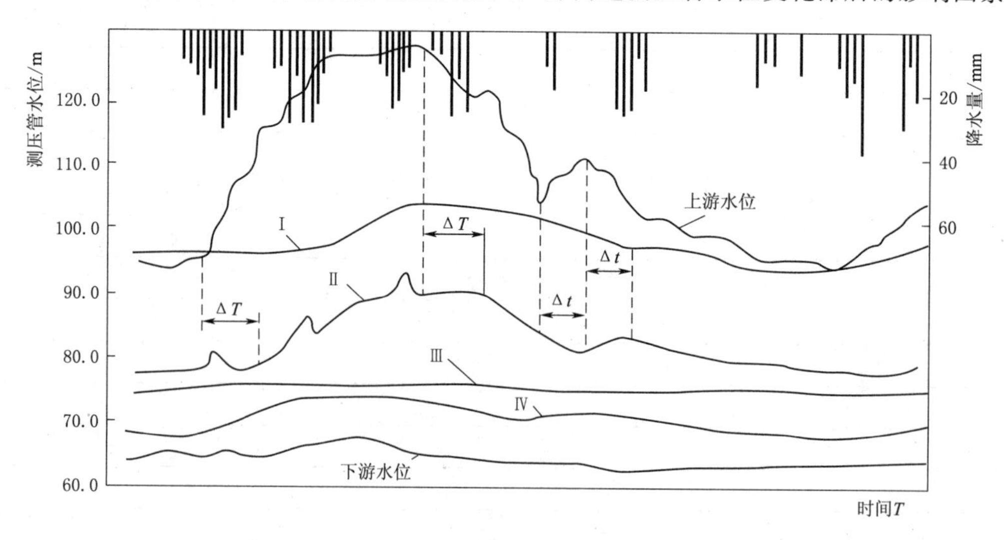

图 2.2.12　某土石坝枢纽上游库水位、测压管水位变化过程图

任务 2.3　土石坝监测资料整编与分析

导向问题

对水工建筑物进行的各种项目观测，为水库大坝的运行工况提供了第一手资料。取得这些第一手资料以后，还必须加以去粗取精、去伪存真、由此及彼、由表及里，进行科学的整理分析，才能做出正确的判断，获得规律性的认识，保证水库安全和合理运用，为设计、施工、管理和科学研究提供依据。

我国很多水库，通过对观测资料的分析，了解水库各个建筑物的状态，掌握工程运用的规律，确定维修措施，改善运行状况，从而保证了水库的安全和发挥效益，并且为提高科学技术水平，提供了宝贵的第一手资料。例如官厅水库土坝下游发生泉眼漏水，通过观测资料的分析，判断为左岸山头基岩发生绕坝渗流，经过多种措施进行处理，安全运用至今。对观测资料进行科学的整理分析，是观测工作必不可少的组成部分，对于管好用好水库、保证水库安全运用、充分发挥效益，以及提高科学技术水平，具有重要的意义。

观测取得的数据是客观实际的反映。但是，每个观测项目所布置的测点数量总是有限的，测次一般有一定的周期，与其相关的因素也是多元的，而且实测数据不可避免地带有特定的误差。因此，必须通过科学的整理分析，才能掌握客观运动的规律性和与影响因素的相关关系，获得符合客观实际的理性认识。观测资料的整理分析，取决于现场观测所得数据的数量和质量，而又反过来推动和指导观测工作、水库运行更有成效地进行。那如何对监测资料进行整编与分析呢？

2.3.1　土石坝安全监测资料整编要求

监测资料整编与分析工作包括平时资料整理与定期资料编印和观测成果的分析。

1. 平时资料整理工作的主要内容

（1）及时检查各观测项目原始观测数据和巡视检查记录的正确性、准确性和完整性。如有漏测、误读（记）或异常，应及时补（复）测、确认或更正。

（2）及时进行各观测物理量的计（换）算，填写数据记录表格。

（3）随时点绘观测物理量过程线图，考察和判断测值的变化趋势。如有异常，应及时分析原因，并备忘文字说明，原因不详或影响工程安全时，应及时上报主管部门。

（4）随时整理巡视检查记录（含摄像资料），补充或修正有关监测系统及观测设施的变动或检验、校（引）测情况，以及各种考证图、表，确保资料的衔接与连续性。

2. 定期资料编印工作的主要内容

（1）汇集工程的基本概况（含各种运控指标）、监测系统布置和各项考证资料，以及各次巡检资料和有关报告、文件等。

（2）在平时资料整理基础上，对整编时段内的各项观测物理量按时序进行列表统计和校对。此时如发现可疑数据，一般不宜删改，应加注说明，提醒读者注意。

（3）绘制能表示各观测物理量在时间和空间上的分布特征图，以及有关因素的相关关系图。

（4）分析各观测物理量的变化规律及其对工程安全的影响，并对影响工程安全的问题提出运行和处理意见。

（5）对上述资料进行全面复核、汇编，并附以整编说明后，刊印成册，建档保存。采用计算机数据库系统进行资料存储和整编者，整编软件应具有数据录入、修改、查询以及整编图、表的输出打印等功能，还应有电子文件备份。

3. 成果的分析

观测成果的分析是一项细致复杂而又十分重要的工作，要以认真的精神和科学的态度去进行。我国的水库建设是新中国成立以后开始发展的，水库观测工作从无到有，但许多水库管理单位开展了大量的观测工作，观测成果的分析工作也取得了丰富的经验和显著的成绩。通过使用计算机，应用比较法、回归分析法、谐量分析法等数理统计方法，对观测成果进行定量分析。

4. 监测报告

监测报告一般包括工程概况、巡视检查和仪器监测情况的说明、巡视检查资料和仪器监测资料的分析结果、大坝工作状态的评估及改进意见等。

2.3.2　土石坝安全监测资料整编内容

1. 巡视检查

巡视检查的各种记录、图件和报告等均属大坝安全监测的重要史料，除将原件归档外，应将发现问题的资料整理复制载入相应时段的资料整编。每次整编，除对本时段内巡视检查发现的异常问题及其原因分析、处理措施和效果观察等做出完整编录外，必要时可简要引述前期巡视检查结果加以对比分析。

2. 变形监测

变形监测资料整编，一般应根据所设项目进行各观测物理量的列表统计。

在列表统计的基础上，应尽量绘出能表示各观测物理量时间和空间分布特征的各种图件（必要时可加绘相关物理量，如坝体填筑过程、蓄水过程等），一般如：①坝面水平位移过程线图；②坝体横断面分层垂直位移分布图；③坝体表面垂直位移等值线图；④坝体横断面垂直位移及水平位移等值线图；⑤坝体裂缝平面分布图。

3. 渗流监测

一般应按坝体、坝基、绕渗等不同部位和类别分别填写测点渗流压力（水位）和渗流量监测成果统计表。并同时抄录相应的上游、下游水位，必要时加注有关渗流异常现象的说明。如：①上游（水库）、下游水位统计表；②渗流量监测成果统计表。

根据渗流压力（水位）统计表绘制各测点的渗流压力水位过程线图，图上应同时绘出上游、下游水位过程线和坝区降水强度分布线。

根据过程线图确定滞后时间，消除滞后影响，用稳定流场的对应关系绘制以下图件：

（1）特定库水位下的渗流压力水位过程线。

（2）渗流压力、测压管水位与库水位相关关系图。

（3）坝体横断面渗流压力分布图和坝体平面渗流压力分布图。

（4）根据过程线图确定并消除滞后影响后，用稳定渗流场的对应关系绘制以下图件：①渗流量（降水量、库水位）过程线图；②特定库水位下的渗流量过程线图；③渗流量与库水位（上游、下游水位差）相关关系图。

2.3.3　土石坝安全监测资料分析

1. 资料分析的目的和意义

大坝安全监测是掌握坝体运行状态、保证大坝安全运用的重要措施，也是检验设计成果、检查施工质量和掌握大坝的各种物理量变化规律的有效手段。但是，原始的观测成果往往只展示了大坝的直观表象，要深刻地揭示规律和作出判断，从繁多的监测数据中找出关键问题，还必须对观测数据进行检验、剖析、提炼和概括，这就是监测资料分析工作。其意义可从以下几方面来理解。

（1）监测数据本身，既隐含着大坝实际状态的信息，又带有观测误差及外界偶然因素随机作用所造成的干扰。必须经过辨析，识别干扰，才能显示出真实的信息。

（2）影响坝体状态的多种内外因素是交织在一起的，监测值是其综合效应。为了将影响因素加以分解，找出主要因素及各个影响因素的影响程度，也必须对测值作分解和剖析。

（3）只有将多种监测量的多个测点、多次测值放在一起综合考察，相互补充、印证，才能了解测值在空间分布上和时间发展上的联系，找出变化异常的部位和薄弱环节，了解其变化过程和发展趋势。

（4）任何事物的发展都是遵循从量变到质变的过程。大量事实表明，大坝的破坏和失稳，事前总是有所预兆的，同样也是一个由量变到质变的过程。通过对监测数据的分析，就可以及时发现大坝发生破坏前的各种征兆和异常情况，从而采取有效的补救措施。

（5）通过数据分析可以对设计的正确性、经济性和措施的有效性进行验证，进而为提高或改进大坝设计提供依据。大坝的设计和计算，既要符合安全的原则，又要符合经济的原则。然而，由于对自然规律的认识有待深入，不可能对所有影响大坝的复杂因素都进行精确的计算，只能是作了许多假设和简化以后，才进行设计计算。

（6）为了对大坝各种观测成果作出物理解释，预测未来测值变幅及可能的数值等，也离不开分析工作。

因此，观测资料分析被视为实现大坝安全监测根本目的最重要的一个环节，其任务就在于通过具有一定精度的监测资料，认识大坝监测数值在空间分布和时间发展上的规律性，掌握它和各种内外因素的联系，从观测值的变化来考察和发现大坝结构的变化和异常现象，防止大坝结构向不安全方向发展。

2. 资料分析的主要方法

资料分析的主要方法有比较法、作图法、特征值统计法、数学模型法和其他一些方法。下面作一简要介绍。

（1）比较法。所谓比较法就是将不同测次的监测资料、巡视资料及监测资料成果与技术警戒值、理论试验的成果作比较，判断测值有无异常，找出观测值的变化规律或发展趋势。

1）比较多次巡查资料，定性考察大坝外观异常现象的部位、变化规律和发展趋势。

2）比较同类效应量监测值的变化规律或发展趋势，是否具有一致性和合理性。

3）将监测成果与理论计算或模型试验成果相比较，观察其规律和趋势是否有一致性、合理性。并与工程的某些技术警戒值（大坝在一定工作条件下的变形量、抗滑稳定安全系数、渗透压力、渗漏量等方面的设计或试验允许值，或经历史资料分析得出的推荐监控值）相比较，以判断工程的工作状态是否异常。

（2）作图法。根据分析的要求，画出监测资料的过程线图、相关图、分布图及综合过程线图（如将上游库水位、某物理量和其警戒值，其他的效应量画在一张图上）等，由图可直接了解和分析测值的变化大小和其规律。

1）以观测时间为横坐标，所考查的测值为纵坐标绘制的曲线称过程线。它反映了测值随时间而变化的过程。由过程线可以看出测值变化有无周期性，最大值、最小值等，一年或多年变幅有多大，各时期变化梯度（快慢）如何，有无反常的升降变化等。图上一般同时绘制相关因素如库水位、气温等的过程线，以了解测值和这些因素的变化是否相关，周期是否相同，滞后时间多长，两者变化幅度等。有时也可以同时绘制不同测点或不同项目的曲线，比较它们之间的联系和差异。

2）以横坐标表示测点位置，纵坐标表示测值所绘制的台阶图或曲线称为分布图。它反映了测值沿空间的分布情况。由图可看出测值分布有无规律，最大值、最小值在什么位置，各点间特别是相邻点间的差异大小等。图上还可以绘出相关因素如坝高等的分布值。同一张图绘制出同一项目不同测次和不同项目同一测次的测值分布，以比较期间的联系及差异。

3）以纵坐标表示测值，以横坐标表示有关因素（如水位、温度等）所绘制的散点加回归线的图叫相关图。它反映了测值和该因素的关系，如变化趋势、相关密切度等。

（3）特征值统计法。这是对监测值（随机变量）进行统计、计算，得到一系列有代表性的特征值，用以浓缩、简化一批测值中的信息，以便对大坝性态的变化更加清晰、简单地了解、掌握和发现其有无异常。

特征值主要包括各监测物理量历年的最大和最小值（含出现时间）、变幅、周期、年（月）平均值及变化率等。通过对这些特征值的统计和分析，可帮助考察各监测量之间在数量变化方面是否具有一致性、合理性，以及它们的重现性和稳定性等。

（4）数学模型法。该法就是利用回归分析、经验或数学力学原理，建立原因量（如库水位、气温等）与效应量（如位移、扬压力等）之间定量关系的方法。这种关系往往是具有统计性的，需要较长序列的观测数据。当能够在理论分析基础上建立两者确定性的关系，称为确定性模型；当根据经验，通过统计相关的方法来寻求其联系，称为统计模型；当具有上述两者的特点而得到的联系，称为混合模型。

近年来，资料分析技术得到了较快发展，许多新技术、新方法在大坝监测资料分析领

域得到了广泛应用，如时间序列分析、灰色模型分析、模糊聚类分析、神经网络分析、决策分析以及专家系统技术等。

结合本次工作任务学习情况，总结学习要点、个人收获等内容。

技能训练

一、基础知识测试

1. 监测资料的整编一般要经过收集资料、（　　）、资料的审定编印三个阶段。

A. 审查资料　　B. 计算　　C. 设计　　D. 资料计算

2. 若判定监测数据含有较大的系统误差时，应（　　），并设法减少或消除其影响。

A. 重测　　B. 计算　　C. 分析　　D. 忽略

3. 观测值应准确可靠，但不可避免地会存在误差，误差又可分为（　　）误差、系统误差和偶然误差三类。

A. 疏失　　B. 计算　　C. 设计　　D. 结构

4. 测值过程线反映了测值随（　　）的变化过程，由此可以分析测值的变化快慢、趋势，变幅、极限值，以及有无周期性变化，并可发现反常的变化。

A. 时间　　B. 距离　　C. 空间　　D. 目标

5. 测压管过程线上，同时绘制上游水位过程线，可以从图上看出测压管水位与上游水位的相应变化、（　　）的相应位置和滞后关系，以及二者变幅的大小等。

A. 极值　　B. 下游水位　　C. 水位　　D. 流量

二、技能训练

土石坝安全监测综合分析

1. 工程和监测概况

某水库是一座灌溉为主结合发电等综合利用的中型水库。流域面积 31.6km^2，库容 1170×10^{4}m^3，装机容量 1400kW，灌溉面积 0.78 万亩。大坝为黏土心墙坝，最大坝高 47.24m。坝址心墙底高程 196.32m，坝顶高程 243.56m，坝顶浆砌块石防浪墙顶高程 244.59m，厚 0.8m，坝顶长 124m，顶宽 8m。

该水库布设的观测项目包括大坝变形、浸润线和渗流量以及库水位、水文气象等。在 5 个断面上设置测压管以观测坝体浸润线变化。5 个断面分别是按坝轴线自右至左 0＋011m（右岸山坡）、0＋046m、0＋069m（最大坝高处）、0＋092m（拱涵附近）、0＋122m（左岸山坡）。每个断面设置三个测压管分别为坝顶轴线、背水坡 33m 坝高处。大坝排水棱体反滤层前缘 22m 坝高处，共计 15 支测压管。

2. 分析内容和要求

提供 0＋069m（最大坝高处）断面三个测压管水位（记为 H31、H32、H33）观测资料（2001—2002 年）以及相应时间的环境量（库水位、降水量）。试根据《土石坝安全监测资料整编规程》（DL/T 5256—2010）要求，完成如下渗流资料整编和初步分析工作：

（1）统计环境量（库水位、降水量）的特征值（2001 年度最大、最小、均值）。

（2）绘制环境量（库水位、降水量）过程线和测压管 H31、H32 水位过程线。

（3）绘制测压管 H31 年度水位与上游水位相关关系图。

（4）绘制测压管 H32 年度水位与上游水位相关关系图。

（5）简单描述该水库测压管水位变化规律。

3．成果分析

（1）统计环境量（库水位、降水量）的特征值（2001 年度最大值、最小值、均值）。

2001 年水库上游水位统计表　　单位：m

日期	月份											
	1	2	3	4	5	6	7	8	9	10	11	12
01	235.75	235.39	233.40	233.50	233.52	234.76	237.34	234.32	236.13	236.40	231.70	234.80
02	235.70	235.28	233.43	233.56	233.60	234.62	237.25	234.44	236.54	236.46	231.90	234.67
03	235.59	235.17	233.38	233.59	233.66	234.56	237.18	234.44	236.88	236.59	231.93	234.57
04	235.52	235.07	233.30	233.79	233.60	234.64	237.04	234.56	236.99	236.60	231.95	234.48
05	235.44	234.98	233.17	233.88	233.56	235.00	236.92	235.40	236.98	236.62	231.92	234.35
06	235.38	234.86	233.07	233.87	234.50	235.13	236.88	235.52	236.98	236.59	231.90	234.23
07	235.32	234.75	233.27	233.87	234.82	235.12	236.80	235.47	236.96	236.55	231.83	234.10
08	235.25	234.66	233.13	233.85	234.92	235.04	236.70	235.32	236.88	236.52	231.75	234.07
09	235.18	234.57	233.16	234.00	234.98	235.14	236.58	235.35	236.80	236.52	231.65	234.09
10	235.25	234.59	233.12	234.02	235.14	235.14	236.44	235.44	236.70	236.47	231.55	233.99
11	235.22	234.65	233.06	234.00	235.32	235.90	236.32	235.48	236.58	236.40	231.45	233.87
12	235.16	234.69	233.02	234.09	235.35	237.39	236.16	235.54	236.47	236.52	231.35	233.75
13	235.09	234.67	232.96	234.09	235.32	237.99	236.22	235.57	236.34	236.26	231.25	233.60
14	235.02	234.65	232.82	234.05	235.28	238.32	236.16	235.79	236.22	236.19	231.53	234.04
15	234.97	234.60	232.66	233.97	235.20	238.22	236.05	236.04	236.12	236.12	232.72	233.32
16	234.87	234.53	232.54	233.89	235.12	238.16	235.92	236.12	236.02	236.07	234.97	233.36
17	234.77	234.43	232.41	233.80	235.03	238.02	235.92	236.09	235.92	236.10	235.49	233.22
18	234.67	234.32	232.30	233.87	234.98	237.92	235.87	236.04	235.76	236.02	235.70	233.05
19	234.67	234.22	232.22	233.76	235.22	237.79	235.83	235.96	235.58	235.93	235.76	232.96
20	234.60	234.10	232.08	233.64	235.38	237.92	235.70	235.84	235.50	235.82	235.78	232.93
21	234.48	233.99	231.94	233.64	235.72	238.16	235.54	235.70	235.62	235.70	235.72	232.94
22	234.41	233.89	231.80	233.52	235.38	238.31	235.38	235.53	235.62	235.56	235.62	232.86
23	234.33	233.72	231.66	233.46	235.31	238.11	235.22	235.38	235.56	235.44	235.59	232.81
24	234.24	233.59	231.87	233.38	235.22	237.94	235.08	235.50	235.50	235.32	235.50	232.72
25	234.21	233.50	232.77	233.28	235.11	238.14	234.93	235.44	235.44	235.22	235.38	232.62
26	234.68	233.40	233.38	233.22	235.00	238.04	234.77	235.33	235.37	235.10	235.26	232.52
27	235.12	233.37	233.67	233.16	235.04	237.88	234.62	235.32	235.33	235.00	235.16	232.40
28	235.45	233.34	233.73	233.06	235.05	237.61	234.56	235.54	235.39	234.90	235.06	232.29
29	235.50		233.72	233.02	235.04	237.49	234.42	235.66	235.62	234.77	235.07	232.15
30	235.57		233.66	233.19	234.98	237.44	234.26	235.68	236.09	234.62	234.95	232.01
31	235.50		233.58		234.89		234.09	235.82		234.50		231.87

续表

日期		月份											
		1	2	3	4	5	6	7	8	9	10	11	12
全月统计	最高	235.75	235.39	233.73	234.09	235.72	238.32	237.34	236.12	236.987	236.62	235.78	234.8
	日期	1	1	28	12	21	14	1	16	4	5	20	1
	最低	234.21	233.34	231.66	233.02	233.52	234.56	234.09	234.32	235.33	234.50	231.25	231.87
	日期	25	28	23	29	1	3	31	1	27	31	13	31
	均值	235.06	234.39	232.91	233.67	234.88	236.86	235.88	235.47	236.13	235.90	233.58	233.38
全年统计	最高	238.32			最低	231.25			均值		234.79		
	日期	2001 年 6 月 14 日			日期	2001 年 11 月 13 日							

2001 年降水量统计表

单位：mm

日期	月份											
	1	2	3	4	5	6	7	8	9	10	11	12
01		2.5		9.0		2.0		7.0	11.0		48.2	
02	8.8	2.5				18.1		2.8	0.6		36.0	
03	6.0	4.8		22.0	19.7	16.7		4.0		8.2		
04				0.2	36.2		5.0	13.0			12.4	0.7
05		12.5	18.3	12.8	4.1		9.4	9.0	1.5			3.3
06	1.8		16.5	7.5								4.1
07	0.8	1.8		7.4	6.0	16.8	4.6			0.8		
08	8.8	23.5			0.7	7.0	0.3	3.5		12.0		0.8
09	4.5	0.3	7.8	5.2	19.5	63.3		23.8				1.5
10		5.2		7.9		46.1		9.0				7.6
11		3.2				39.5	4.5	15.2				15.1
12					9.0	7.3	1.5	5.4				17.9
13							0.6	36.0				7.1
14			3.3				2.8	7.6				
15			3.1				8.5		0.3			0.8
16	1.0		2.5		17.0	16.8	9.8	3.1				9.7
17					24.0	7.0	8.4					34.9
18			3.9	9.0		14.2			0.7			35.0
19				9.5		33.7			16.8			1.1
20	3.0			1.4		17.4			11.0			
21			11.2	0.3								8.0
22		17.5	42.6	0.6		21.0		0.4				
23	61.4		24.4	6.6		1.5		19.5				

续表

日期	月份											
	1	2	3	4	5	6	7	8	9	10	11	12
24		7.3	17.0	1.3		7.2			2.0			
25	8.0	6.2			21.0	0.8	1.9	2.7	2.0			
26		14.2		1.1	1.2		8.2	3.0	1.2			
27			5.5	1.3	3.5		33.0	2.2	3.0	1.0		
28				1.2				1.2	4.2			
29				18.2		2.0		8.0	11.0		4.9	
30								17.0	2.2		5.1	
31							26.6	13.7		3.5		
全月统计 最大	61.4	23.5	42.6	22	36.2	63.3	33	36	16.8	12	48.2	35
全月统计 日期	23	8	22	3	4	9	27	13	19	8	1	18
全月统计 总降水量	104.1	101.5	156.1	122.5	161.9	338.4	125.1	207.1	67.5	25.5	106.6	147.6
全月统计 降雨天数	10	13	12	19	12	19	15	22	14	5	5	15

全年统计						
最大	63.3	总降水量	1663.9	总降水天数	161
日期	2001 年 6 月 9 日				

（2）绘制环境量（库水位、降水量）过程线和测压管 H31、H32 水位过程线。

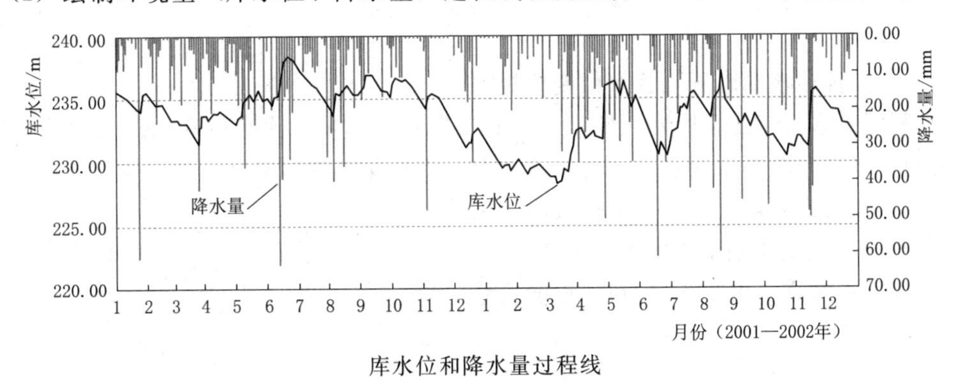

库水位和降水量过程线

库水位和测压管水位过程线

（3）绘制测压管 H31 年度水位与上游水位相关关系图。

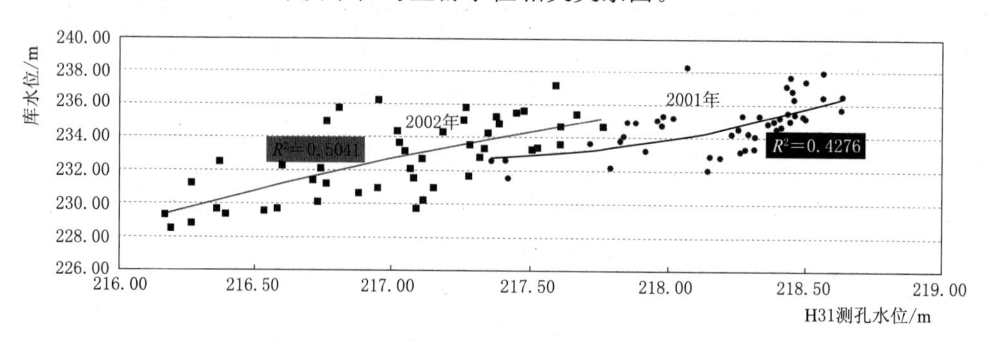

库水位与测压管 H31 水位相关线

（4）绘制测压管 H32 年度水位与上游水位相关关系图。

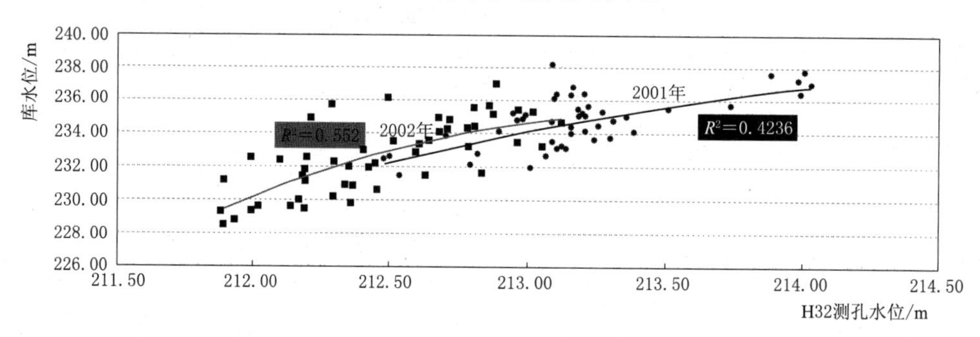

库水位与测压管 H32 水位相关线

（5）简单描述该水库测压管水位变化规律。

1）测压管水位年度呈周期性变化，主要受库水位影响。库水位和测压管水位过程线显示随着库水位升高测压管水位升高，越靠近上游测孔影响越明显；库水位与测压管水位相关线图和相关系数均说明两者呈较大的相关性。

2）H31 水位变化幅度要大于 H32 水位。

3）测压管水位变化 2001—2002 年度呈稳定状态。

模块3 混凝土坝安全监测

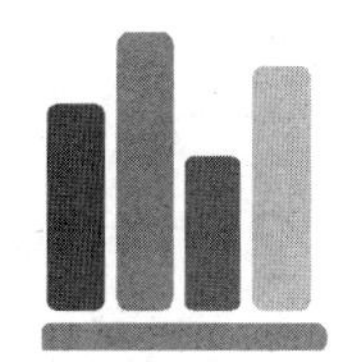

混凝土坝安全监测任务书

<table>
<tr><td colspan="2">模块名称</td><td>土石坝枢纽总体布置</td><td rowspan="4">参考课时/天</td><td>5</td></tr>
<tr><td colspan="2" rowspan="3">学习型工作任务</td><td>3.1 混凝土坝变形监测</td><td>2</td></tr>
<tr><td>3.2 混凝土坝扬压力监测</td><td>2</td></tr>
<tr><td>3.3 混凝土坝监测资料整编与分析</td><td>1</td></tr>
<tr><td colspan="2">项目目标</td><td colspan="3">让学生掌握混凝土坝的变形监测、扬压力观测的基本方法和操作步骤，能进行观测数据记录、整理和分析。</td></tr>
<tr><td colspan="2">教学内容</td><td colspan="3">（1）坝内引张线观测方法与步骤。
（2）大坝挠度观测方法与步骤。
（3）坝体裂缝及伸缩缝观测方法。
（4）坝体扬压力测点布设与观测方法。
（5）混凝土坝监测资料整编与分析方法</td></tr>
<tr><td rowspan="3">教学目标</td><td>素质</td><td colspan="3">（1）激发学习兴趣，培养创新意识。
（2）树立追求卓越、精益求精的岗位责任，培养工匠精神。
（3）传承大禹精神、红旗渠精神，增强职业荣誉感</td></tr>
<tr><td>知识</td><td colspan="3">（1）了解引张线设备组成。
（2）了解正、倒垂线设备组成。
（3）掌握坝内引张线观测方法。
（4）掌握坝体挠度观测方法。
（5）掌握坝体裂缝及伸缩缝观测方法。
（6）掌握坝基扬压力观测方法及步骤。
（7）掌握混凝土坝观测资料整理与分析方法</td></tr>
<tr><td>技能</td><td colspan="3">（1）会进行混凝土坝位移标点布设。
（2）会利用引张线观测进行混凝土坝水平位移观测。
（3）会利用正垂线、倒垂线法进行大坝挠度观测。
（4）会进行坝体裂缝及伸缩缝观测。
（5）会进行坝基扬压力测点布设。
（6）会对混凝土坝观测资料整理分析</td></tr>
<tr><td colspan="2">项目成果</td><td colspan="3">混凝土坝观测资料整理分析报告</td></tr>
<tr><td colspan="2">技术规范</td><td colspan="3">（1）《混凝土坝安全监测技术规范》（SL 601—2013）。
（2）《大坝安全监测仪器检验测试规程》（SL 530—2012）。
（3）《混凝土坝安全监测资料整编规程》（DL/T 5209—2020）</td></tr>
</table>

任务 3.1　混凝土坝变形监测

导向问题

混凝土坝建成蓄水后，在自重、水压力、扬压力和气温变化影响下，坝体必然产生变形。坝体变形与影响因素之间的因果关系有一定的规律和相关变化，如果坝体的变形数值在正常范围内，则属于正常现象；否则，变形会影响建筑物正常运用，甚至危及建筑物的安全。此外因温度和地基不均匀沉陷等影响，坝体还可能产生裂缝，从而引起坝的渗漏，因此，混凝土坝一旦发生异常变形现象，往往是大坝事故的先兆。那么，我们如何在大坝整个运行期间进行全面掌握坝体的变形呢？坝体变形观测常见的方法有哪些呢？

3.1.1　引张线水平位移观测

引张线法是高精度观测建筑物水平位移的一种重要方法，在我国已经得到广泛的应用，具有观测精度高、投资小、外界影响小、速度快、重复性好、对观测条件要求较低、操作简便，可遥测、自记、数字显示等，适合大坝不同高程的水平位移观测。端点和正、倒垂线相结合，可观测各坝段的绝对位移。尤其在廊道中设置引张线，因不受气候影响，具有明显的有利条件，因此在重力坝水平位移观测中应优先采用。

1. 引张线观测原理

引张线法是利用在两个固定的基准点之间张紧一根高强度不锈钢丝作为基准线，用布设在建筑物的各个观测点上的引张线仪或人工光学测量装置，对各测点进行偏离基准线的变化量的测定，从而求得各观测点的水平位移量。

如图 3.1.1 所示，由于水库大坝长度一般在数十米以上，如果仅靠坝两端的基点来支承钢丝，因其跨度较长，钢丝在本身重力作用下将下垂成悬链状，不便观测，为了解决垂径过大问题，需在引张线两端加上重锤，使钢丝张紧，并在钢丝中间设立若干个浮托装置，将引张线托起，将钢丝托起近似成一条水平线，在拉力的作用下，引张线将始终保持在两端点连线上，当线长不足 200m 时，可采用无浮托式。

2. 引张线的布置及设计要求

引张线一般布置在坝顶或水平廊道内。设置在廊道内的引张线，最好置于上下游侧墙上的混凝土预留槽内，这有利于减少防风保护设施及不占廊道空间。对于大坝表面或已建成的无预留槽廊道，应架设保护管。此外，对于非直线形大坝，或引张线很长时，可以将引张线串联起来组成连续引张线。图 3.1.2 为某大坝引张线布置示意图。

设计应符合下列要求：

(1) 引张线的设备应包括端点装置、测点装置、测线及其保护管。

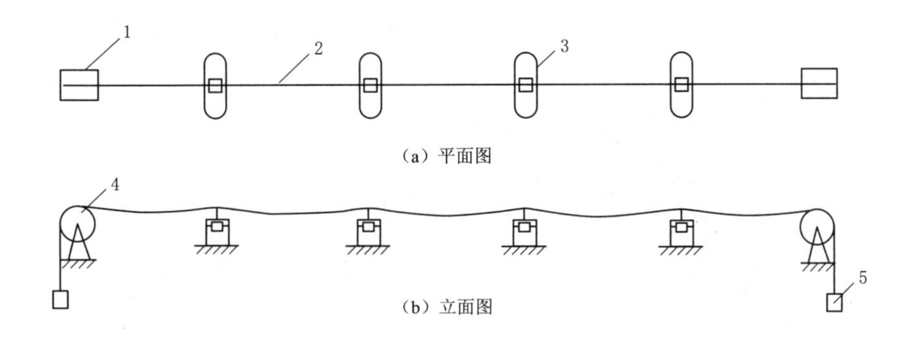

图 3.1.1 引张线示意图

1—端点；2—引张线；3—位移测点及浮托装置；4—定滑轮；5—重锤

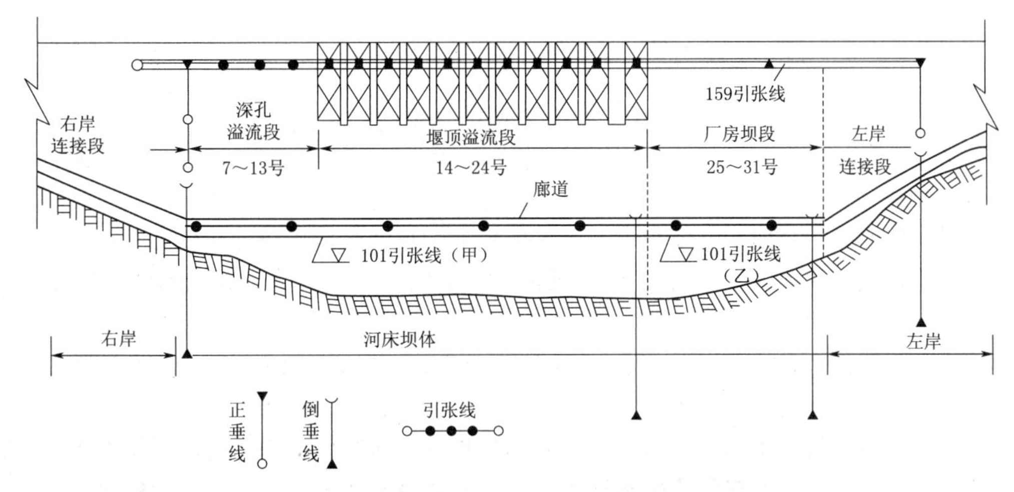

图 3.1.2 某大坝引张线布置示意图

(2) 端点装置可采用一端固定、一端加力的办法，或采用两端加力的办法；当实施自动化监测时，也可采用两端固定的方法，但应确保测线的张力大于设计张力。

(3) 加力端装置包括定位卡、滑轮和重锤（或其他加力器），固定端装置仅有定位卡、固定栓。定位卡应保证换线前后位置不变。测线愈长引张线所需的拉力愈大。长度为200～400m 的引张线，宜采用 40～60kg 的重锤张拉。

(4) 有浮托的引张线的测点装置包括水箱、浮船、读数尺或仪器底盘、测点保护箱。无浮托的引张线则无水箱及浮船。浮船的体积通常为其承载重量与其自重之和的排水量的1.5 倍。水箱的长、宽、高为浮船的 1.5～2 倍。读数尺长度应大于位移量变幅，不宜小于 50mm。

(5) 测线钢丝直径的选择宜使其极限拉力为所受拉力的 2 倍，宜采用 ϕ0.8～1.2mm 的不锈钢丝。

3. 引张线设备及安装要求

(1) 引张线可分为端点装置、测点装置和测线三个部分：

1) 端点装置。端点装置由混凝土墩座、夹线装置、滑轮、线锤悬挂装置以及重锤等组成如图 3.1.3 所示。墩座应根据现场情况设计，用混凝土浇筑或用钢材焊制，并保证墩座与坝体或基岩紧密结合。

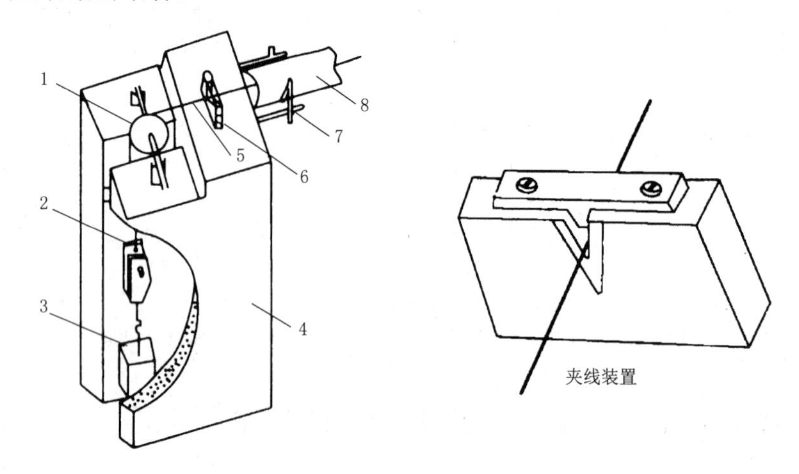

图 3.1.3　引张线端点装置

1—滑轮；2—线锤连接装置；3—重锤；4—混凝土墩座；5—测线；6—夹线装置；7—钢筋支架；8—保护管

夹线装置的作用是使测线能固定在同一位置上。其构造是在钢质基板上嵌入一个铜质 V 形夹槽，将钢丝放入 V 形槽中，盖上压板，旋紧压板螺丝，测线即被固定在这个位置上，如图 3.1.3 所示。

滑轮一般用铝合金做成，轮周的中间有宽 1.5mm 的 V 形槽，便于不锈钢丝在槽内滑动。

线锤连接装置的作用是卷紧钢丝并调节钢丝长度，同时也解决了钢丝不便直接挂重锤的问题。线锤悬挂装置上有卷线轴和插销，以便卷紧钢丝，悬挂重锤并张紧钢丝。

重锤的质量视钢丝的强度而定。重锤质量越大，钢丝所受拉力越大，引张线的灵敏度越高，观测精度也越高。

2）测点装置。测点装置设置在坝体测点上，由水箱、浮船、量测标尺和保护箱等构成，如图 3.1.4 所示。浮船支撑钢丝，在钢丝张紧时，浮船不能接触水箱，以保证钢丝在通过两端点 V 形夹线槽中心的直线上。量测标尺为 150mm 长的不锈钢尺，固定在槽钢上，槽钢埋入坝体测点。安装时应尽可能使各测点钢尺在一水平面上，误差不超过±5mm。测点也可不设量测标尺而采用光学遥测仪器。测点装置一般 20～30m 设置一个，保护管固定在保护箱上。

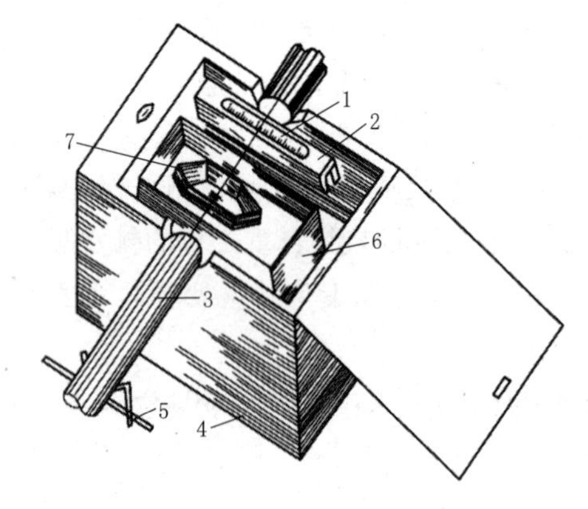

图 3.1.4　引张线测点装置

1—量测标尺；2—槽钢；3—保护管；4—保护箱；5—保护管支架；6—水箱；7—浮船

3）测线。测线一般采用 $\phi0.8$～1.2mm 的不锈钢丝，要求钢丝极限拉力不小于所受拉力的 2 倍，其强度要求不小于 1.5×10^{6}kPa。为了防止风的影响和外界干扰，全部测线需用直径不小

于 10cm 的钢管或塑料管保护，如果测点间距离较长，不易将测线穿过保护管时，则可采用敞口加盖或夹口式保护管。

（2）安装应符合下列要求：

1）定位卡、读数尺（或仪器底盘）的安装通常宜在张拉测线之后进行。对气温年变幅较大的部位，测线张拉宜选择在气温适中的时间进行。

2）定位卡的 V 形槽槽底应水平，方向与测线应一致。

3）安装滑轮时，应使滑轮槽的方向及高度与定位卡的 V 形槽一致，并落在滑轮槽中心的平面上，但要注意，当测线通过滑轮拉紧后，测线与 V 形槽中心线应重合，并且钢丝高出槽底 2mm 左右。

4）同一条引张线的读数尺零方向必须统一，宜将零点安装在下游侧。尺面应保持水平；分划线应平行于测线；尺的位置应根据尺的量程和位移量的变化范围而定。

5）仪器底盘应水平，位置及方向应依据所采用的仪器而定。

6）水箱水面应有足够的调节余地，以便调整测线高度满足量测工作的需要。寒冷地区应采用防冻液。

7）保护管安装时，宜使测线位于保护管中心，至少应保证测线在管内有足够的活动范围。保护管和测点保护箱应封闭防风。

8）金属材料应作防锈处理。

4. 引张线观测步骤及方法

引张线的钢丝张紧后固定在两端的端点装置上，水平投影为一条直线，这条直线是观测的基准线。测点埋设在坝体上，随坝体变形而位移。观测时只要测出钢丝在测点标尺上的读数，与上次测值比较，即可得出该测点在垂直引张线方向的水平位移。

（1）观测步骤。引张线观测随所用仪器的不同方法亦不同，各测点与两端点间距应在首次观测前测定，测距相对中误差不应大于 1/1000，无论采用哪一种仪器和方法观测，都应按以下的步骤进行。

1）在端点上用线锤悬挂装置挂上重锤，使钢丝张紧。

2）在端点上用线锤悬挂装置挂上重锤，使引张线的钢丝拉紧，并将钢丝放在两端点夹线装置的 V 形槽中心。最好在钢丝上作出标记，使每次观测时钢丝都靠近测点的同一位置，注意只有挂锤后才能夹线，松夹后才能放锤。

3）向水箱充水或油至正常位置，使浮船托起钢丝，并将测线调整到高于读数尺 0.3～3mm 处（依仪器性能而定），固定定位卡。

4）检查各测点装置，浮船应处于自由浮动状态，钢丝不应接触水箱边缘和全部保护管。特别对于用读数显微镜测读时，钢丝与尺面垂距不能过大，否则将使照准不清晰，影响读数精度；如果垂距过小，则由于水箱内水被蒸发，极易造成钢丝与尺面接触摩擦，从而引起观测误差。

5）端点和测点检查正常后，待钢丝稳定，即可安置仪器进行测读。一测次应观测两测回（从一端观测到另一端为一测回）。测回间应在若干部位轻微拨动测线，待其静止后再测下一测回。

6）观测时，先调整仪器，分别照准钢丝两边缘读数，取平均值，作为该测回的观测值。左右边缘读数差和钢丝直径之差不应超过0.15mm，两测回观测值之差不应超过0.15mm（当使用两用仪、两线仪或放大镜观测时，不应超过0.3mm）。

7）全部观测完后，将端点夹线松开，取下重锤。

8）若引张线设在廊道内，观测时应将通风洞暂时封闭。对于坝面的引张线，应选择无风天观测，并在观测一点时，将其他测点的观测箱盖好。

（2）观测方法。

1）读数显微镜法。读数显微镜法是将一个具有测微分画线的读数显微镜置于量测标尺上方，测读毫米以下的数，而毫米整数直接用肉眼读出，如图3.1.5所示。

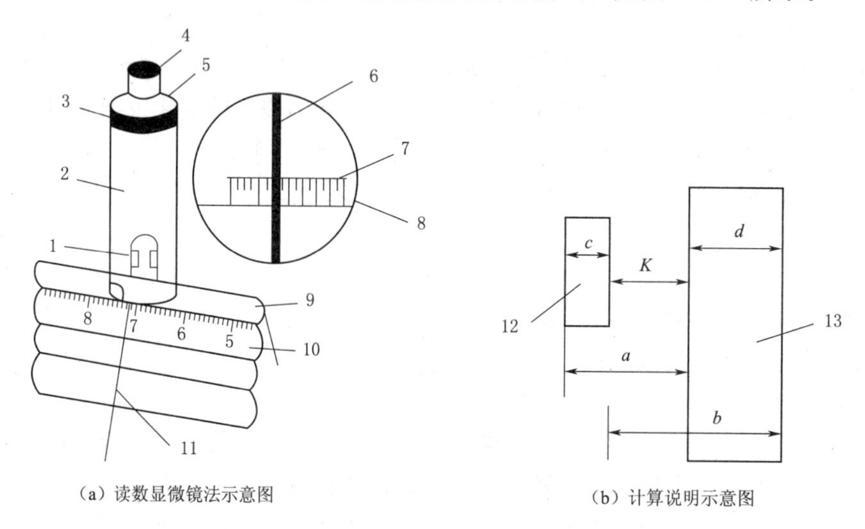

（a）读数显微镜法示意图

（b）计算说明示意图

图3.1.5 读数显微镜观测法示意图

1—进光口；2—外套筒；3—调节螺圈；4—目镜；5—内测管；6—钢丝；7—测微分画线；8—标尺；9—槽钢；10—标尺；11—钢丝；12—标尺刻画线；13—钢丝

利用读数显微镜法读数的目的是精确得到钢丝中心在标尺上的读数。先在标尺上读取毫米及以上读数，然后将读数显微镜置于引张线通过的标尺上方，测读毫米以下的读数，如图3.1.5所示。调焦至成像清晰时，然后使测微分画线与钢丝平行，读数时首先使显微镜视场上某一整分画线与标尺刻画线的左边缘重合，读取该整分画线至钢丝左边缘的间距a，如表3.1.1中为0.36mm；然后将显微镜某整分画线与标尺画线的右边缘重合，读取钢丝右边缘至该整分画之间的距离b，如表3.1.1中为1.34mm，由此可得钢丝中心在标尺上的读数算式为$a+b=2K+d+c$，即

$$\frac{a+b}{2}=K+\frac{d+c}{2}$$

于是得钢丝中心在量测标尺上的读数为

$$L=r+\frac{a+b}{2} \tag{3.1.1}$$

式中 $\frac{a+b}{2}$——标尺刻画线中心至钢丝中心的距离；

c——标尺刻画线宽度；

d——钢丝直径；

K——标尺刻画线边缘与钢丝边缘的距离；

a、b——分两步观测时，显微镜读数值；

r——从标尺上读取的毫米整数。

由图 3.1.5（b）可知，$a=c+K$，$b=d+K$，所以

$$b-a=d-c$$

上式说明每次观测的显微镜两次读数之差应等于钢丝直径与标尺刻画线宽度之差，后者应为常数，该值可作为检查读数正确性和精度的标准，同时在记录表中计算（$b-a$）一项，目的是校核有无错误和检定观测精度。

表 3.1.1　　读数显微镜观测引张线记录表

日期：　　　　　　观测者：　　　　　　记录者：

测点编号（坝段编号）	测回数	仪器读数/mm					观测值/mm	各测回平均值/mm	备注
		标尺读数	测微尺读数						
			左	右	右－左	(右＋左)/2			
			a	b	$b-a$	$(b+a)/2$			
8	1	69	0.36	1.34	0.98	0.85	69.85	69.80	
	2	69	0.28	1.24	0.96	0.76	69.76		

2）直接目视法。用肉眼并使视线垂直于尺面观测，分别读出钢丝左边缘和右边缘在测量标尺上投影的读数 a 和 b，估读至 0.1mm，得出钢丝中心在量测标尺上读数为 $L=(a+b)/2$。显然 $|a-b|$ 应为钢丝的直径，该值可作为检查读数的正确性和精度的标准。

3）挂线目视法。将量测标尺设在水箱的侧面，在靠近标尺的钢丝上系上很细的丝线，下挂小锤，如图 3.1.6 所示。用肉眼正视量测标尺直接读数。

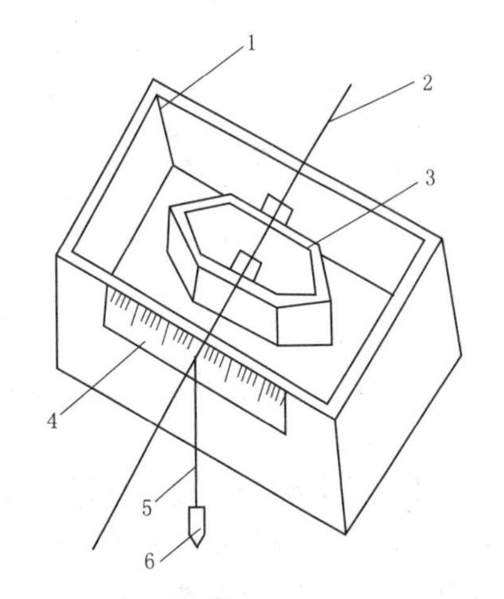

图 3.1.6　挂线目视法观测法示意图

1—水箱；2—钢丝；3—浮船；4—标尺；5—细丝绳；6—小锤

3.1.2　坝体挠度观测

1. 挠度观测原理与方法

混凝土坝水平位移沿坝体高程的不同位移量也不一样。一般是坝顶水平位移最大，近坝基处最小，测出坝体水平位移沿高程的分布并绘制分布图，即为坝体的挠度。因此，挠度观测是利用仪器测定坝体内铅直线方向不同高程点相对于基准点水平位移的观测方法。

挠度观测方法主要是利用铅垂线进行的，将垂线的一端固定在坝顶附近或基岩深处，另一端悬挂重锤或安装浮子，以保持垂线始终处于铅直状态。先沿铅垂线不同高程设置测

点，然后借助于垂线仪测量出测点与铅垂线之间的距离，最后计算该点的水平位移。

由于挠度观测借用了铅垂线，因此也称为垂线观测。当垂线的顶端固定在坝顶或坝体内时称为正垂线，而当垂线的底端固定在基岩深处时则称为倒垂线。

图 3.1.7 为正垂线观测图，铅垂线自坝体固定位置挂下，在各测点上安置仪器进行观测，所得观测值为各测点与悬挂点之间的水平距离，如图 3.1.7 所示的 S_O、S_N，则任一点 N 相当于 O 点的挠度 S 可按下式计算：

$$S_N = S_O - S \tag{3.1.2}$$

式中　S_O——垂线最低点 O 与悬挂点 N_O 之间的距离；

　　S——测点 N 与悬挂点 N_O 之间的距离。

由于点 O 会发生位移，所以上述挠度为相对于点 O 的挠度。

图 3.1.8 为倒垂线观测图，将铅垂线底端固定在不受大坝位移影响的基岩深处，依靠另一端施加的浮力将垂线引至坝顶或某一高程处保持铅直不动。在各测点上设置观测站，安置仪器进行观测，所得观测值即为各测点相对于基岩深处点的绝对挠度，如图 3.1.8 所示的 S_0、S_1、S_2。

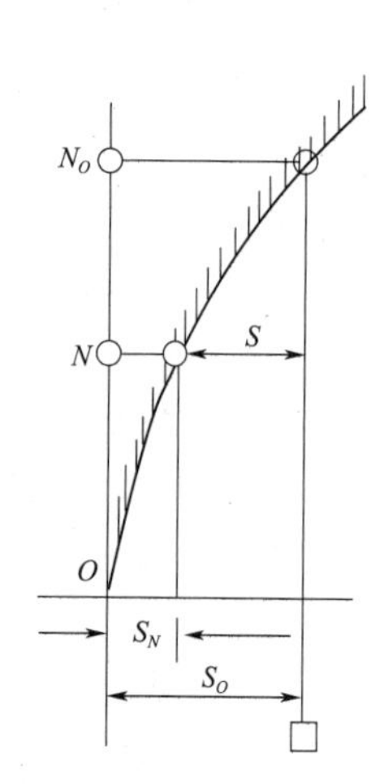

图 3.1.7　正垂线观测图

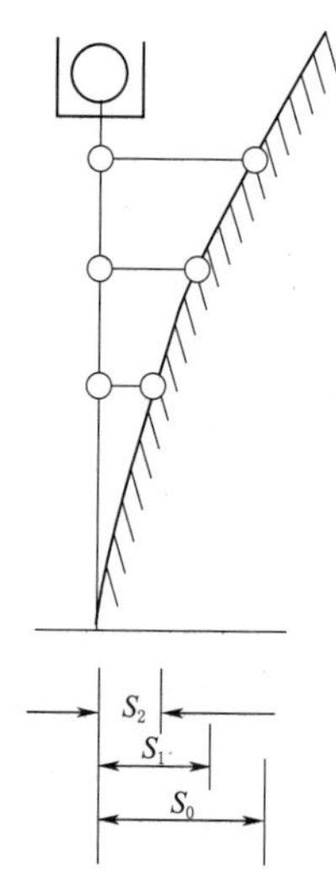

图 3.1.8　倒垂线观测图

正垂线观测中，若在坝体不同高程处设置夹线装置作为测点，从上到下顺次夹紧钢丝上端，即可在坝基观测站测得测点相对坝基的水平位移，从而求得坝体的挠度，这种形式称为多点支撑一点观测的正垂线，如图 3.1.9 (a)、(b) 所示。如果只在坝顶悬挂钢丝，在坝体不同高程处设置观测点，测量坝顶与各测点的相对水平位移，从而求得坝体挠度，这种形式为一点支撑多点观测的正垂线，如图 3.1.9 (c)、(d) 所示。

2. 垂线法布置及设计要求

用垂线法观测坝体挠度时，通常把垂线布设在地质和结构复杂的坝段、最高坝段、其他有代表性的坝段及工作基点等处，并注意与其他各观测项目的配合。对于拱坝，一般设置在拱冠和拱端处，较长的拱坝还可以在 1/4 拱处布设垂线。重力坝可根据工程规模、坝体结构及观测要求决定，一般大型坝不少于 3 条，中型坝不少于 2 条。垂线宜按下列要求

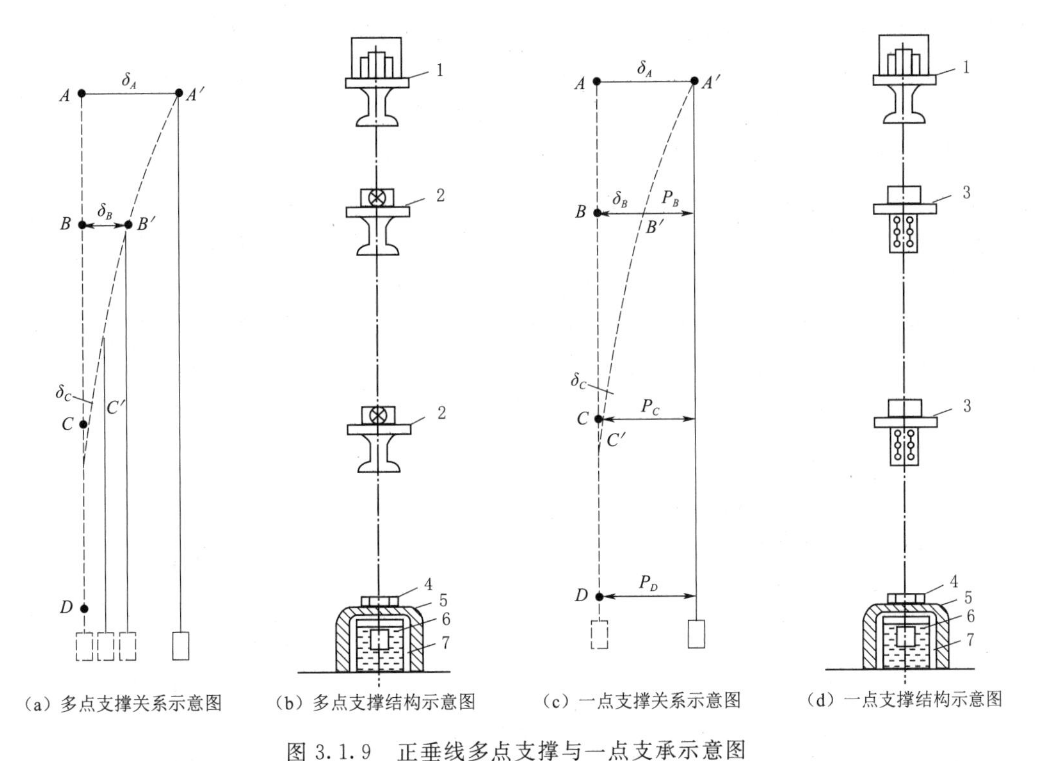

图 3.1.9 正垂线多点支撑与一点支承示意图

1—悬挂装置；2—夹线装置；3—坝体观测点；4—坝底观测点；5—观测墩；6—重锤；7—油箱

进行布置设计：

(1) 正垂线可采用“一线多测站式”，线体设在预留的专用竖井或管道内，也可利用其他竖井或宽缝设置。单段正垂线体长度不宜大于 50m。

(2) 倒垂线宜采用“一线一测站式”，不宜穿越廊道。倒垂钻孔深入基岩的深度应参照坝工设计计算结果，达到变形可忽略处；缺少该项计算结果时，钻孔深度可取坝高的 1/4～1/2；钻孔孔底不宜低于建基面以下 10m。

(3) 当正、倒垂线结合布置时，正、倒垂线宜在同一个观测墩上衔接。

3. 倒垂线设备组成

倒垂线是将垂线钢丝的根部用锚块锚固在大坝地基深层基岩上，顶端根据浮体原理，浮体漂浮于液体上，将钢丝拉紧，使成为一条顶端自由的铅垂线。由于浮力始终铅直向上，故浮体静止的时候，必然与连接浮体的钢丝向下的拉力大小相等，方向相反，亦即钢丝与浮力同在一条铅垂线上。由于钢丝下端埋于不变形的基岩中，因此钢丝就成为空间位置不变的基准线。只要测出坝体测点到钢丝距离的变化量，即为坝体的水平位移。倒垂线装置由浮体组、垂线、观测台和锚固点构成。

(1) 浮体组。浮体组由油箱、浮筒和连杆组成，如图 3.1.10 所示。

1) 油箱。为一环形铁筒，外径为 60cm，内径 15cm，高 45cm。内环中心空洞部分是浮筒连杆穿过的活动部位。

2) 浮筒。形状与油箱相同，尺寸为外径 50cm，内径 25cm，高 33cm。这种结构和尺寸能保证浮筒在油箱内有一定的活动范围。浮筒上口有连接支架，以安装连杆。

3）连杆。为一空心金属管，长 50cm。上与浮筒支架连接，下端连接钢丝。

（2）垂线。垂线宜采用强度较高的不锈钢丝或不锈铟瓦钢丝，其直径的选择应保证极限拉力大于浮子浮力的 3 倍。宜选用 $\phi 1.0 \sim 1.2$mm 的钢丝，不宜大于 $\phi 1.6$mm。

（3）观测台。观测台是用来安放观测仪器的平台，一般用混凝土或金属支架建造，台上设一定大小的圆孔或方孔，以便通过垂线。台面要水平，可用水平尺或水准仪检查，台上安装有垂线仪底座或其他观测及照明设备。

（4）锚固点。锚固点为倒垂线的底部固定点，要求将锚块埋设在基本稳定不动的基岩钻孔深处新鲜岩石内。锚块可由一圆钢制成，长约 50cm，顶部安装连接螺丝用以连接不锈钢丝，中部加工成台阶状以阻止其在水泥砂浆中滑动，如图 3.1.11 所示。

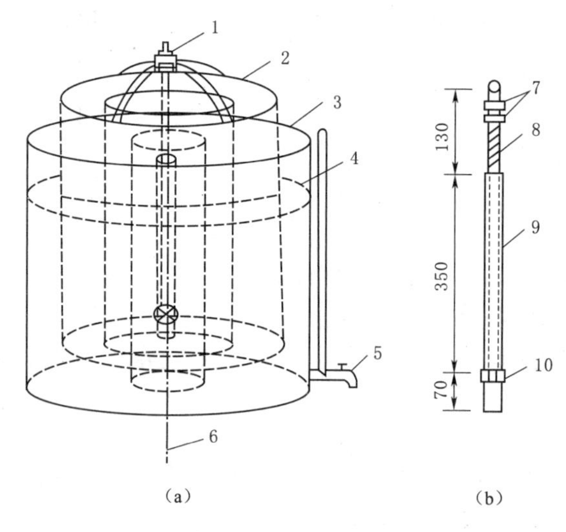

图 3.1.10　倒垂线浮体组构成示意图（单位：cm）
1—连杆；2—浮筒；3—油箱；4—油位指示；5—水嘴；
6—钢丝；7—螺母；8—丝扣；9—钢套管；10—夹头螺母

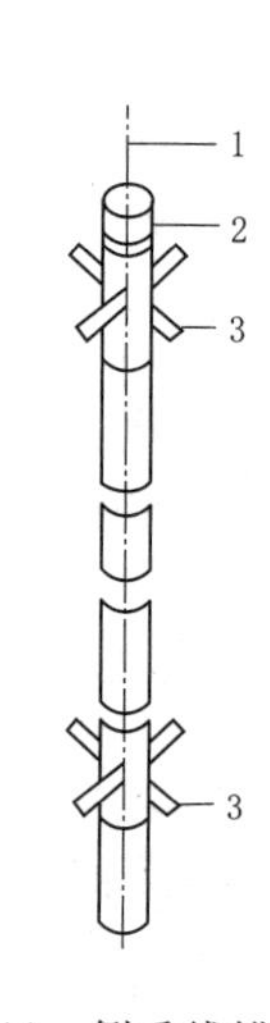

图 3.1.11　倒垂线锚块示意图
1—钢丝；2—连接螺丝；3—支撑

（5）浮体浮力。浮子的浮力宜按式（3.1.3）确定：

$$P > 250(1 + 0.01L) \tag{3.1.3}$$

式中　P——浮子浮力，N；

L——测线长度，m。

4. 正垂线设备组成

正垂线是在坝体某一位置（坝顶或某一高程廊道处）从上而下悬挂钢丝，钢丝底部连接放置在油桶内的重锤，受地球引力作用，钢丝始终处于铅直状态，铅直状态的钢丝提供了一条基准线，以此来测量坝体的水平位移。正垂线一般包括悬挂装置、固定夹线装置、活动夹线装置、垂线、重锤、阻尼箱、观测台等。

（1）悬挂装置。供吊挂垂线之用，常固定支撑在靠近坝顶处的廊道壁上或观测井壁上。

（2）夹线装置。固定夹线装置是悬挂垂线的支点，在垂线使用期间，应保持不变。即使在垂线受损折断后，支点亦能保证所换垂线位置不变。活动夹线装置是多点支承一点观

测时的支点，观测时自上而下依次夹线。当采用一点支承多点观测形式时，取消活动夹线装置，而在不同高程取观测台。

（3）垂线。采用强度较高的不锈钢丝或不锈铟瓦钢丝，其直径应保证极限拉力大于重锤重量的 2 倍。宜选用 ϕ1.0～1.2mm 的钢丝，垂线直径不宜大于 ϕ1.6mm。

（4）重锤。为金属或混凝土块，其上设有阻尼叶片，重量一般不超过垂线极限拉应力的 30%。但对接触式垂线仪，重锤需达 200～500kg。重锤重量宜按式（3.1.4）确定：

$$W>20\times(1+0.02L) \tag{3.1.4}$$

式中 W——重锤重量，kg；

L——测线长度，m。

（5）阻尼箱。阻尼箱内径和高度应比重锤直径和高度大 150～200mm，箱内灌装黏性小、不易蒸发、防锈（严寒地区应防冻）的阻尼液，重锤应全部没入阻尼液内，使之起阻尼作用，促使重锤很快静止。

（6）观测台。构造与倒垂线观测台相似。也可从墙壁上埋设型钢安装仪器底座，特别是一点支承多点观测，是在观测井壁的测点位置埋设型钢安装仪器底座。观测墩上应设置强制对中底盘，底盘对中误差不应大于 0.1mm。

5. 光学垂线仪观测及要求

（1）结构与原理。仪器上部是光学瞄准部分，由照明系统、转向系统和瞄准系统所组成，目标通过光学放大，与仪器分划中心重合，在瞄准系统中复现铅垂线（钢丝）在水平面上相对位置的变化。仪器下部是量测部分，由纵向和横向导轨、精密螺杆、读数测微器、水准器和脚螺旋所组成。在仪器整平后，移动纵、横向导轨，瞄准垂线后，直接读取读数。经多次瞄准与读数，求取测点的坐标值。

（2）使用方法。

1）仪器检查。每次观测前需在专用的检查墩对垂线仪进行检定，以检查水准器置平位置有否变动。若有变动，需先校正水准器，同时要对仪器的零位进行标定。

2）安置仪器。观测时将仪器安放在测站的观测底板上，用三个 V 形槽将仪器定位，并用脚螺旋调平仪器；然后插上照明系统，接通电源，此时可在目镜中看到带有十字丝的分划板像，如图 3.1.12（a）所示。

3）调整成像。先旋转横向导轨手轮，此时能在视场中看到竖线像，如图 3.1.12（b）。慢慢转动手轮，直至垂线的竖线像正确夹在十字丝纵线中央，如图 3.1.12（c）。再旋转纵向导轨手轮，此时能在视场中看到横线像，如图 3.1.12（d）。慢慢转动手轮，直至垂线的横线像正确夹于十字丝横线中央，如图 3.1.12（e）。

4）观测读数。上述垂线坐标仪为数显坐标仪，直接在上面读取读数即可。

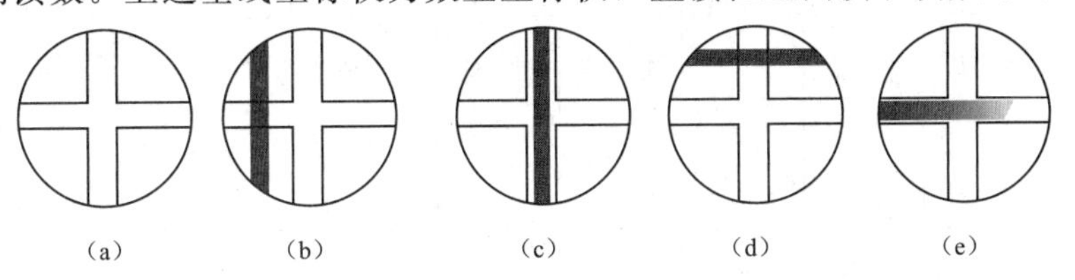

图 3.1.12 读数成像系统示意图

6. 垂线法观测步骤及要求

（1）倒垂线观测步骤。

1）观测前，应检查钢丝的张紧程度，使钢丝的拉力每次基本一致。达到这一要求的做法，是在钢丝长度不变的情况下，观测油箱的油位指示，使油位每次保持一致，浮力即一致，钢丝的拉力也就一致了。

2）检查浮筒是否能在油箱中自由移动，做到静止时浮筒不能接触油箱。浮筒重心不能偏移，人为拨动浮筒后应回复到原来位置。

3）检查防风措施，避免气流对浮筒和钢丝的影响。检查完毕后，应待钢丝稳定一段时间才进行观测。

4）观测时，将仪器安放在底座上，置中调平，照准测线，各条垂线上各个测点的观测，应自上而下或者自下而上，依次在尽量短的时间内完成。每一个点的观测，分别读取 x、y 轴（即左右岸与上下游）方向读数各两次，取平均值作为测回值。每测点测两个测回，两测回间需要重新安置仪器。观测中照明灯光的位置应固定，不得随意移动。

5）计算坝体测点的水平位移要根据规定的方向、垂线仪纵横尺上刻画的方向和观测员面向方向3个因素决定。一般规定位移向下游和左岸为正，反之为负；上下游方向为纵轴（y 轴），左右岸方向为横轴（x 轴）。垂线仪安置的坐标方向应与大坝坐标方向一致。

（2）正垂线观测步骤。

1）观测步骤首先是挂上重锤，安好仪器，待钢丝稳定后才进行观测。

2）观测顺序是自上而下逐点观测为第一测回，再自下而上观测为第二测回。每测回测点要照准两次，读数两次。

3）由于正垂线是悬挂于本身产生位移的坝体上，只能观测与最低测点之间的相对位移。为了观测坝体的绝对位移，可将正垂线与倒垂线联合使用，即将倒垂线观测台与正垂线最低测点设在一起，测出最低点正垂线至倒垂线的距离，即可推算出正垂线各测点的绝对位移。

（3）垂线观测要求。根据规范要求，将仪器置于底盘上，调平仪器，照准测线中心两次（或左右边沿各一次），读记观测值，构成一个测回。取两次读数的均值作为该测回之观测值。两次照准读数差（或左右沿读数差与钢丝直径之差）不应超过0.15mm。每测次应观测两测回（测回间应重新整置仪器），两测回观测值之差不应大于0.15mm。倒垂线（正垂线）的观测记录表格示例见表3.1.2。

表3.1.2　倒垂线（正垂线）观测记录表

日期：　　　　观测者：　　　　记录者：

<table>
<tr><th rowspan="3">测点编号</th><th colspan="4">横　尺</th><th colspan="4">纵　尺</th><th colspan="2">改正后观测值</th></tr>
<tr><th rowspan="2">观测值</th><th rowspan="2">测回值</th><th rowspan="2">平均值</th><th rowspan="2">V</th><th rowspan="2">观测值</th><th rowspan="2">测回值</th><th rowspan="2">平均值</th><th rowspan="2">V</th><th>零点差Δ</th><th>零点差Δ</th></tr>
<tr><th>横尺</th><th>纵尺</th></tr>
<tr><td rowspan="4">5</td><td>45.78</td><td rowspan="2">45.73</td><td rowspan="4">45.70</td><td rowspan="2">−0.03</td><td>37.85</td><td rowspan="2">37.82</td><td rowspan="4">37.81</td><td rowspan="2">−0.01</td><td rowspan="2">0.17</td><td rowspan="2">0.21</td></tr>
<tr><td>45.68</td><td>37.78</td></tr>
<tr><td>45.64</td><td rowspan="2">45.67</td><td rowspan="2">+0.03</td><td>37.82</td><td rowspan="2">37.80</td><td rowspan="2">0.01</td><td rowspan="2">45.87</td><td rowspan="2">38.02</td></tr>
<tr><td>45.70</td><td>37.77</td></tr>
</table>

通过本次观测值与上次观测值比较，就能得到观测点在相邻两测次间的水平位移值。本次观测值与首次观测值比较，就能得出测点累计水平位移。由于观测仪器的不同和仪器安装方向的不一致，这里不给出水平位移的计算公式，读者可以根据具体情况和相关规定推算出水平位移计算公式。

3.1.3　坝体裂缝与伸缩缝观测

1. 观测目的

接缝是为了施工或其他目的而形成的。对于拱坝，在施工完成后一般要进行接缝灌浆，接缝的灌浆层能否胶合大坝传递荷载，以及大坝运行后坝段间能否永久密合，这些都是在施工和运行期间要特别关注的问题。通过布设的测缝计能观测接缝开合度和坝体温度，其监测结果对大坝施工、接缝灌浆、了解大坝的整体性都起着非常重要的作用。

裂缝是由于荷载、变形、施工或碱骨料反应等原因产生的，裂缝的存在和扩展会使相应部位构件的承载力受到一定程度的削弱；同时结构物裂缝还会引起渗漏、保护层剥落、钢筋腐蚀、混凝土碳化、持久强度降低等，甚至会危害建筑物的正常运行或缩短建筑物的使用寿命。另外，结构物的破坏往往是从裂缝开始的，所以人们常常把裂缝的存在视作结构物濒临破坏的危险征兆。对裂缝的监测是为了监测其是否发展，对工程处理措施是否成功起着非常重要的评判作用。

2. 混凝土坝伸缩缝观测

重力坝为适应温度变化和地基不均匀沉陷，一般都设有永久性伸缩缝。随着外界影响因素的改变，伸缩缝的开合和错动会相应变化，甚至会影响到缝的渗漏。因此，为了综合分析坝的运行状态，应进行伸缩缝观测。

伸缩缝观测点通常布置在最大坝高、地质复杂、基础变化较大、施工质量较差或进行应力应变观测的坝段上。测点可设在坝顶、下游坝面或廊道内，一条缝上的观测点不少于两个。

伸缩缝观测分测量缝的单向开合和三向位移，分述如下。

(1) 单向测缝标。是在伸缩缝两侧各埋设一段角钢，角钢与缝平行，一翼用螺栓固定在坝体上，另一翼内侧焊一半圆球形或三棱柱形标点头，如图 3.1.13 所示。测量时，用外径游标卡尺测读两标点头间的距离，各测次距离的变化量即为伸缩缝开合的变化。

(2) 型板式三向测缝标。是在伸缩缝两侧坝体上埋设宽约 30mm、厚 5～7mm 的型板式三向测缝标，型板上焊三对不锈钢或铜质的三棱柱，如图 3.1.14 所示。测量时，用游标卡尺测读每对三棱柱间距离，从而推求坝体三个方向的相对位移。

(3) 平面三点式测缝标点。平面三点式测缝标点样式如图 3.1.15 所示，宜用专用游标卡

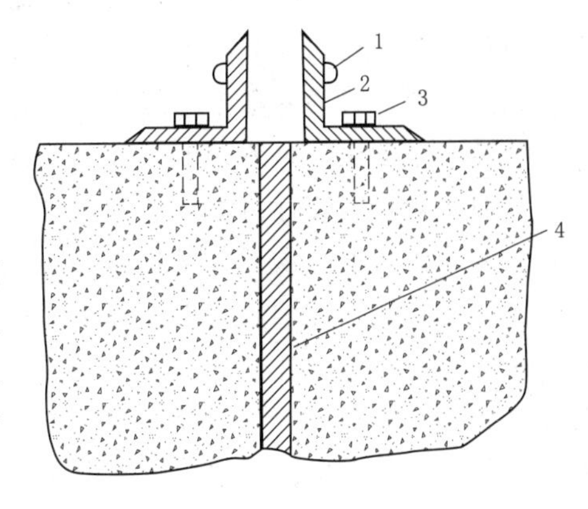

图 3.1.13　单向测缝标
1—标点头；2—角钢；3—螺栓；4—伸缩缝

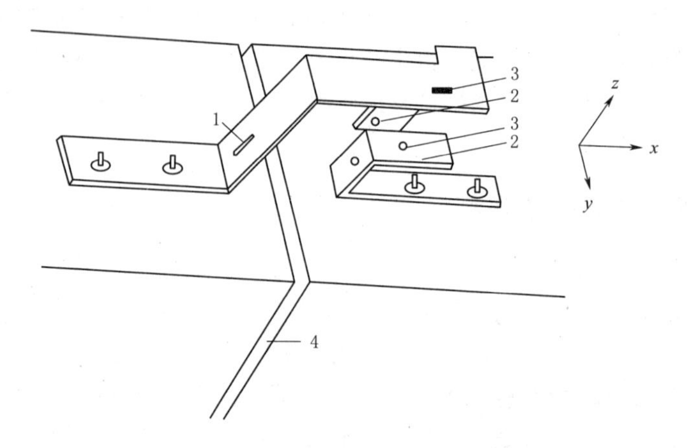

图 3.1.14　立面弯板式测缝标点结构图

1—观测 x 方向的标点；2—观测 y 方向的标点；3—观测 z 方向的标点；4—伸缩缝

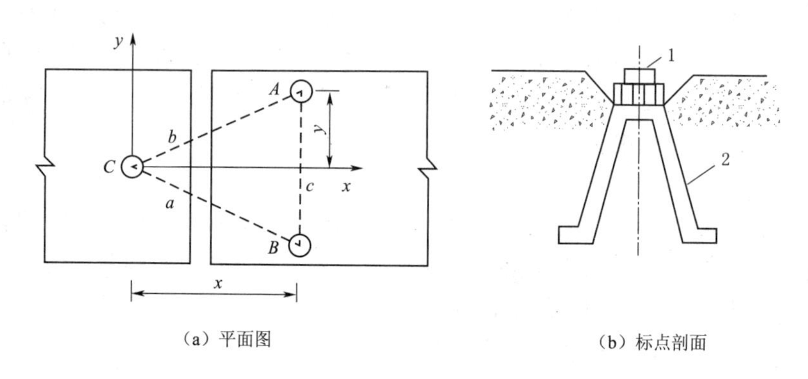

（a）平面图　　（b）标点剖面

图 3.1.15　平面三点式测缝标点结构图

1—卡尺测针卡着的小坑；2—钢筋

尺量测。

（4）测缝计。测缝计通常埋设在混凝土内部，用于遥测建筑物接缝的开合度；也可加工一些专门的夹具，安装在混凝土的表面，用来监测大体积混凝土表面裂缝的发展。测缝计按工作原理可分为差动电阻式测缝计、电位器式测缝计、钢弦式测缝计、旋转电位器式测缝计等。以下仅介绍差动电阻式测缝计。

差动电阻式测缝计由上接座、钢管、波纹管、接线座和接座套筒等组成仪器外壳。电阻感应组件由两根方铁杆、吊拉弹簧、高频瓷绝缘子和弹性电阻钢丝组成，如图 3.1.16 所示。两根方铁杆分别固定于上接座和接线座上，弹性电阻钢丝绕过高频瓷绝缘子张紧，并交错地固定在方铁杆上。差动电阻式测缝计的工作原理与其他差动电阻式仪器相同，当测缝计承受外部变形时，大部分变形由外壳波纹管和传感部件中的吊拉弹簧承担，小部分由弹性电阻钢丝承担。钢丝的变形引起电阻值的变化，而且两组钢丝电阻值的变化是差动的，电阻的变化与变形成正比，测出电阻比即可以算出测缝计承受的变形量，同时可兼测温度。

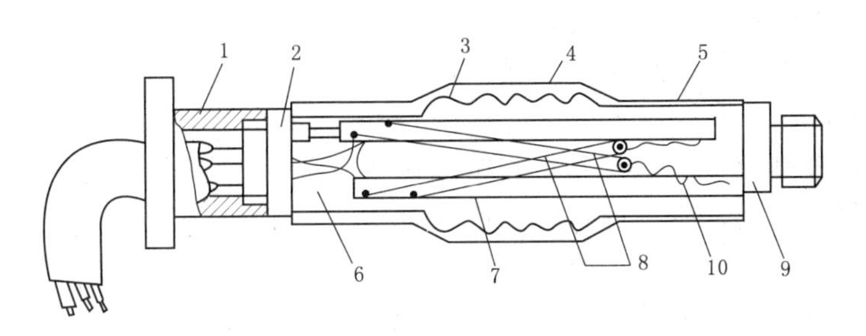

图 3.1.16　差动电阻式测缝计结构示意图

1—接座套筒；2—接线座；3—波纹管；4—塑料套；5—钢管；6—中性油；
7—方铁杆；8—弹性电阻钢丝；9—上接座；10—吊拉弹簧

3. *混凝土及砌石建筑物的裂缝观测*

当拦河坝、溢洪道等混凝土及砌石建筑物发生裂缝，并需了解其发展情况，分析产生原因和对建筑物安全的影响时，应对裂缝进行定期观测。在发生裂缝的初期，至少每日观测一次；当裂缝发展减缓后，可适当减少测次。在出现最高和最低气温、上下游最高水位或裂缝有显著发展时，应增加测次。经相当时期的观测，裂缝确无发展时，可以停测，但仍应经常进行巡视检查。

裂缝的位置、分布、走向和长度等观测，与土坝裂缝观测一样，在建筑物表面用油漆绘出方格进行丈量。在裂缝两端划出标志，注明观测日期。

裂缝宽度需选择缝宽最大或有代表性的位置，设置测点进行测量，常用方法如下：

（1）金属标点法。用测量伸缩缝的单向测缝标量测，或在裂缝两侧埋设粗钢筋作为标点量测。

（2）固定千分表法。如图 3.1.17 所示，将千分表（或百分表）安装在焊于底板上的固定支架上，底板用预埋螺丝固定在裂缝一侧的混凝土表面，裂缝另一侧也埋设一块底板以安装测杆。安装时测杆正对千分表测针，并稍微压紧，使千分表有较小的初始读数。

此外，也可以用差动电阻式测缝计测量伸缩缝和裂缝宽度。

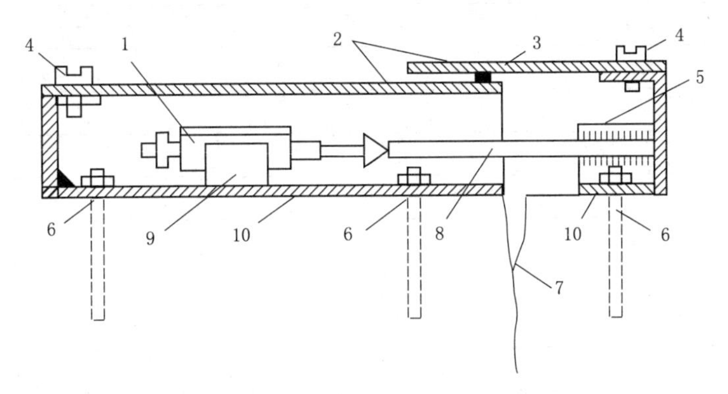

图 3.1.17　固定千分表安装示意图

1—千分表；2—保护盖；3—密封胶垫；4—连接螺栓；5—测杆座；
6—固定螺栓；7—裂缝；8—测杆；9—固定支架；10—底板

（3）超声波测缝深。裂缝深度的探测一般采用金属丝探测，有条件的可以采用超声波探伤仪或者钻孔取样等方法。

超声波观测裂缝深度的原理是：当声波通过混凝土的裂缝时，绕过裂缝的顶端而改变方向，使传播路程增加，即经历的时间加长，由此可通过比较声波绕过裂缝的最短时间和直接通过良好混凝土的时间来确定裂缝的深度，如图 3.1.18 所示。

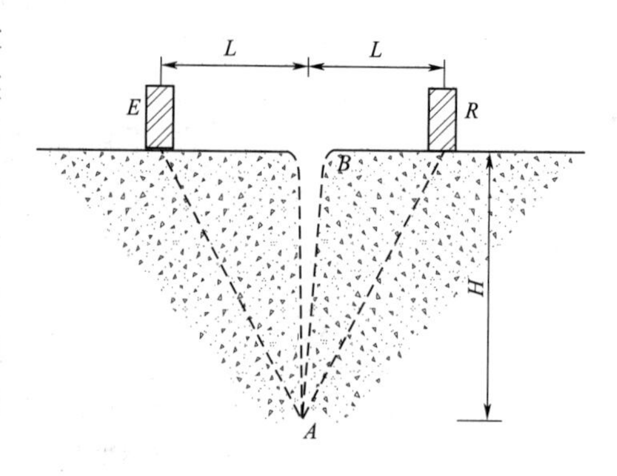

图 3.1.18　超声波观测裂缝深度
E—发射探头；R—接收探头；B—裂缝；
A—裂缝终点；H—裂缝深度

结合本次工作任务学习情况，总结学习要点、个人收获等内容。

技能训练

一、基础知识测试

1.（　　）可为其他水平位移观测方法提供基准点变形值。

A. 引张线　　B. 倒垂线

C. 激光准直　　D. 正垂线

2. 引张线观测可采用读数显微镜，每一测次应观测两测回，两测回之差不得超过（　　）。

A. 0.05mm　　B. 0.1mm

C. 0.15mm　　D. 0.3mm

3. 引张线系统中的浮托装置应设置在（　　）。

A. 测点部分　　B. 端点部分

C. 线体　　D. 保护部分

4. 正垂线不能用于建筑物的（　　）监测。

A. 水平位移　　B. 垂直位移

C. 挠度　　D. 倾斜

5. 倒垂线观测前应进行有关检查，下列说法不正确的是（　　）。

A. 检查钢丝长度有无变化

B. 检查钢丝是否有足够的张力

C. 检查浮体是否与桶壁接触

D. 检查坐标仪的零位值

6. 引张线的测线一般采用不锈钢丝，钢丝直径的选择应使极限拉力为所受拉力的（　　）倍。

A. 1.5　　B. 2.0

C. 2.5　　D. 3.0

7. 倒垂线的测线宜采用强度较高的不锈钢丝或不锈铟瓦钢丝，其直径的选择应保证极限拉力大于浮子浮力的（　　）倍。

A. 1.5　　B. 2.0

C. 2.5　　D. 3.0

8. 测缝计是用于监测裂缝（　　）。

A. 长度　　B. 深度

C. 走向　　D. 开合度

二、技能训练

1. 已知图 3.1.19 为刘家峡重力坝位于河床中央的第 6 坝段 1660 廊道内测点（位于坝体半高附近）的水平位移与水库水位过程线，其中时间为横坐标、水平位移为纵坐标，从图中分析大坝水平位移的变化规律，并分析库水位与大坝水平位移之间相关关系。

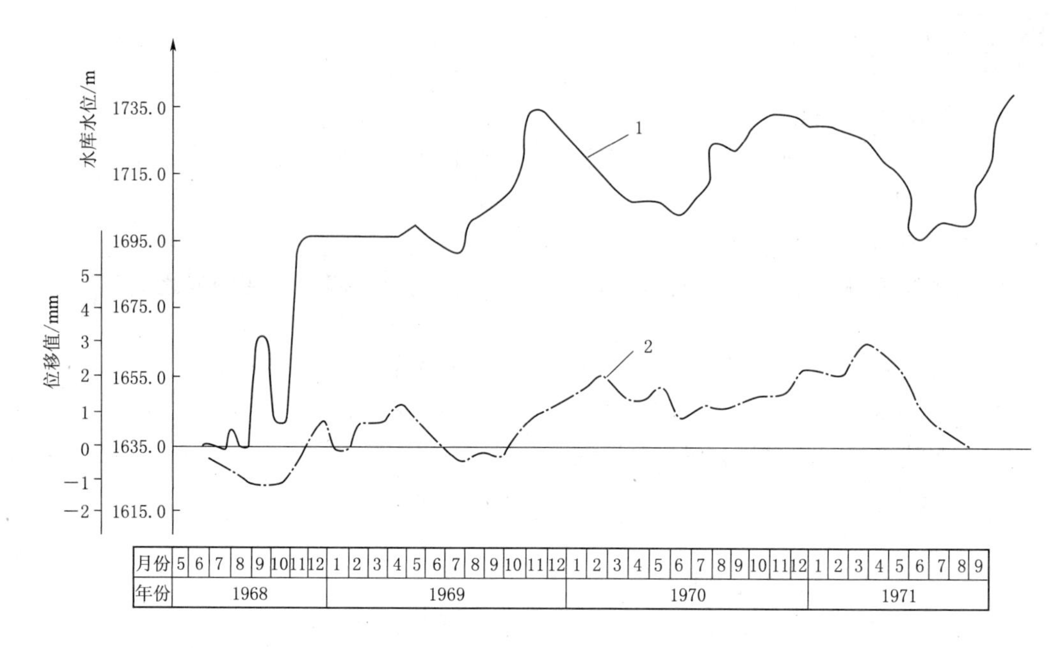

图 3.1.19 刘家峡重力坝实测水平位移与水位过程线

1—水库水位；2—第6坝段1660廊道测点水平位移

2. 已知图 3.1.20 为泉水拱坝接缝开度变化与温度变化过程线，其中时间为横坐标、接缝开度为纵坐标，从图中分析大坝接缝开度的变化规律，并分析接缝开度与坝体温度之间相关关系。

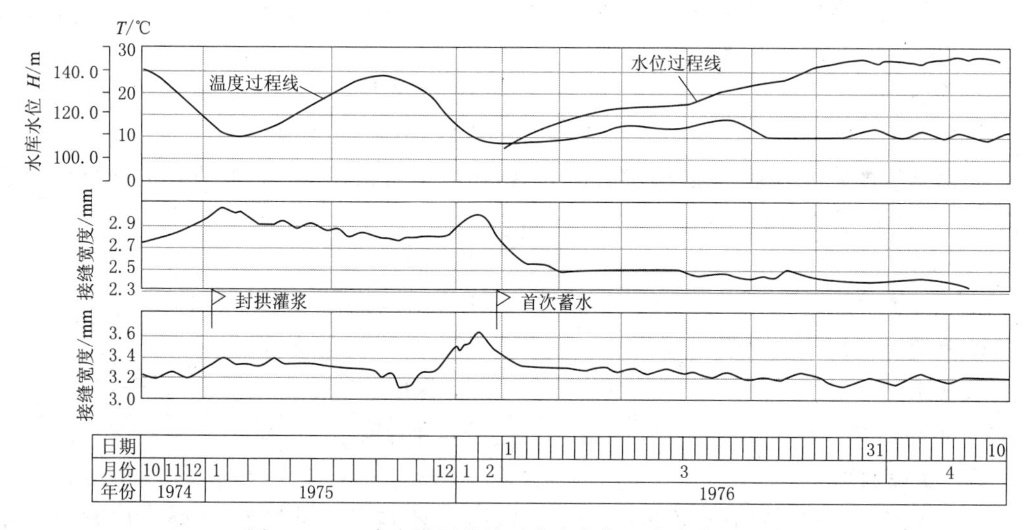

图 3.1.20 泉水拱坝接缝开度变化与温度变化过程线

任务 3.2 混凝土坝扬压力监测

导向问题

混凝土坝基础上的扬压力指建筑物及其地基内的渗水，对某一水平计算截面的浮托力与渗透压力之和。扬压力是一个铅直向上的力，它减小了重力坝作用在地基上的有效压力，从而降低了坝底的抗滑力。以重力坝为例，根据计算，为平衡扬压力需增大的体积为坝体体积的 1/3～1/4。建筑物投入运用后，扬压力的大小是否与设计相符，对于建筑物的安全稳定关系十分重要。为此，必须进行扬压力观测，以掌握扬压力的分布和变化，判断建筑物的稳定安全程度，指导水库的运行和管理。那么，如何在大坝整个运行期间进行全面掌握坝基的扬压力的变化状态？扬压力常见的监测方法有哪些？

相关知识

3.2.1 坝基扬压力测点布设

坝基扬压力监测应根据建筑物的类型、工程规模、坝基地质条件、渗流控制措施等进行布置，一般可选择若干垂直于建筑物轴线的具有代表性的横断面作为测压断面，如图 3.2.1 所示。具体要求如下：

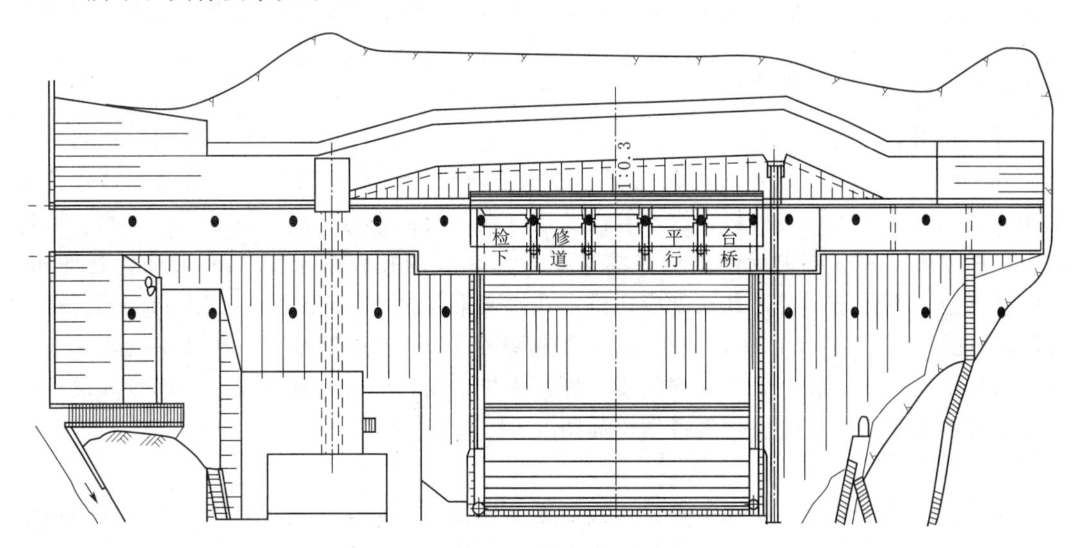

图 3.2.1 混凝土坝扬压力观测测压管布置

(1) 纵向和横向断面应结合布置，宜设纵向监测断面 1～2 个，横向监测断面不少于 3 个。

(2) 纵向监测断面宜布置在第一道排水幕线上，每个坝段应至少设 1 个测点；重点监测部位测点数量应适当加密。坝基有大断层或强透水带的，灌浆帷幕和第一道排水幕之间宜加设测点。

（3）横向监测断面应选择最大坝高坝段、岸坡坝段、地质构造复杂坝段和灌浆帷幕折转坝段。横断面间距宜为50～100m，如坝体较长，坝体结构与地质条件大致相同，则可加大横断面间距。对支墩坝，横断面可设在支墩底部。

（4）每个断面设置3～4个测点，测点宜布置在各道排水幕线上。若地质条件复杂，可适当加密测点。在防渗墙或板桩后宜设测点。有下游帷幕时，应在其上游侧布置测点。

（5）扬压力监测孔在建基面以下深度不宜大于1m，与排水孔不应互换或代用。

（6）坝基若有影响大坝稳定的浅层软弱带，应增设测点，一个钻孔宜设一个测点，浅层软弱带多于一层时，渗压计或测压管宜分孔安设。渗压计的集水砂砾段或测压管的进水管段应埋设在软弱带以下0.5～1.0m的基岩内。应做好软弱带处导水管外围的止水，防止下层潜水向上层的渗透。

（7）坝基扬压力可埋设渗压计监测，也可埋设测压管监测。

3.2.2　测压管构造

扬压力测压管由进水管、导管和装有保护装置的管口组成。测压管可选用双面热镀锌无缝钢管或硬工程塑料管，有条件的也可选用无缝不锈钢管。测压管内径宜为50mm，壁厚不小于3.5mm。测压管进水管段长度应根据监测目的和设计确定。

1. 进水管

用于建基面上的渗透压力监测以及其他点式孔隙水压力监测的测压管，进水管段长度宜为0.5m左右；用于绕坝渗流、地下水位监测的测压管，进水管段长应与渗水层层厚相当；而用于地质条件复杂的层状渗流监测的测压管，进水管段应准确埋入被监测层位，进水管段长与层厚相当。

进水孔沿管周均布4～8排，孔径为4～6mm，沿轴向可交错排列。沿轴向孔间距为50～120mm，进水管段较短时则孔较密，进水管段较长时则孔较疏。管壁内的钻孔孔周毛刺应去除。如管为钢质材料，进水管段及接（端）头应进行防腐防锈处理。进水管段过滤层采用厚度2～3mm的无纺土工布或厚度2～3mm的孔隙小于100μm的涤纶过滤布，纵向紧密包裹不少于2层，其长度应比进水孔段两端各长100mm以上，用ϕ1mm的铜丝[或高性能聚乙烯（钓鱼）线，或1mm不锈钢丝绳]，沿布表缠绕，节距10～20mm，两端可靠扎结。测压管底盖采用适配闷头，导管连接采用导向性好的外接头，螺纹间以聚四氟乙烯密封止水，测压管进水管段结构如图3.2.2所示。

2. 导管

导管用与进水管直径相同的管材连接而成。导管口一直连接到观测站，并保证不被水淹，渗水和雨水不能进入管内。导管埋设应尽量保持垂直，当铅直导管不能直通建筑物表面（含内部表面和外部表面）的情况，可采用L形测压管，即用水平的导管引至设计管口位置的铅垂投影点上，然后从该点将导管垂直向上引至管口位置。L形测压管水平导管段应低于可能产生的最低扬压力水位高程，其与铅直导管连接处宜采用三通连接，铅直向下的一端作为沉淀管段，长约0.5m，如图3.2.3（a）所示。当L形测压管的水平管段穿

过伸缩缝时，在伸缩缝部位应采用适当长度的能够适应缝间错动、开合的波纹管段或铅管段，如图 3.2.3（b）所示。

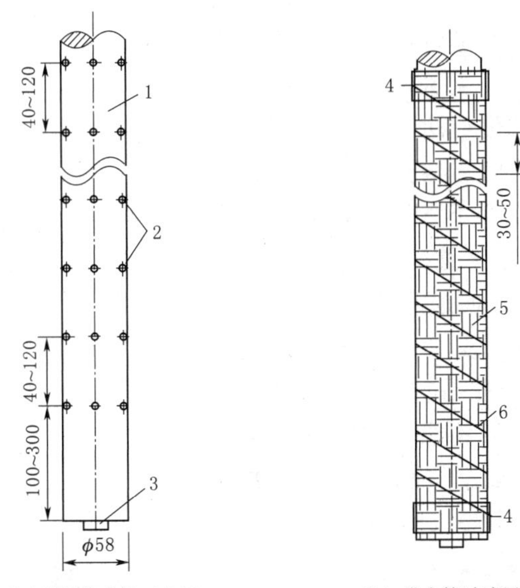

（a）进水管管体结构示意图　　（b）进水管过滤层示意图

图 3.2.2　测压管进水管段结构示意图（单位：mm）

1—金属或塑管；2—进水孔（6 个 ϕ6mm 孔沿圆周均布）；3—闷头；4—箍带式卡箍；5—土工布或涤纶过滤布；6—不锈钢丝绳或铜丝

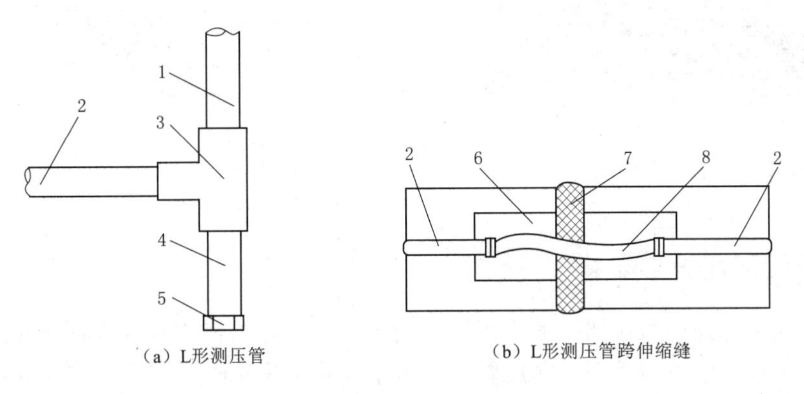

（a）L形测压管　　（b）L形测压管跨伸缩缝

图 3.2.3　L 形测压管安装埋设示意图

1—铅直导管；2—水平导管；3—三通；4—沉淀管；5—底盖（闷头）；6—泡沫软塑料填充物；7—伸缩缝；8—铅管接头或波纹管接头

3. 管口

测压管管口装置依据有压、无压特性以及人工观测、自动化观测方式确定，以可靠和操作简便为原则。有压测压管管口装置如图 3.2.4 所示；无压测压管管口保护装置结构应简单、牢固，能防止客水流入及人畜破坏，并可锁闭以及便于开启。

3.2.3　渗压计类型

渗压计主要用于监测岩土工程和其他建筑物的渗透水压力，适用于长期埋设在水工建筑物或其他建筑物内部及其基础，测量建筑物内部及基础的渗透水压力，水库水位或边坡地下水位的测量。选用渗压计时其量程应与测点的实际压力相适应，渗压计在使用时不会干扰渗流流态，埋设后只需将电缆牵引至指定位置，可以人工读数，也可以接入自动化设备，以便遥测和自动化观测。

目前国内常用的渗压计为钢弦式渗压计和差阻式渗压计。图 3.2.5 为差阻式渗压计实物图，图 3.2.6 为振弦式渗压计实物图。渗压计监测时应读取稳定读数，2 次读数差不应大于 2 个读数单位。测值物理量需要转换为渗流压力水位。

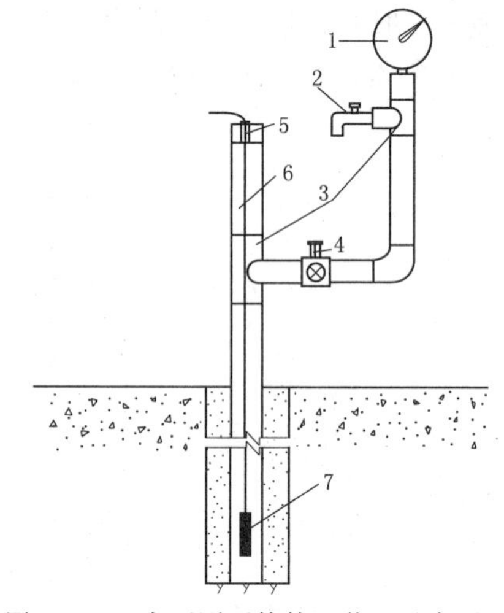

图 3.2.4　有压测压管管口装置示意图
1—压力表；2—水龙头；3—三通；4——阀门；
5—渗压计电缆密封头；6—电缆；7—渗压计

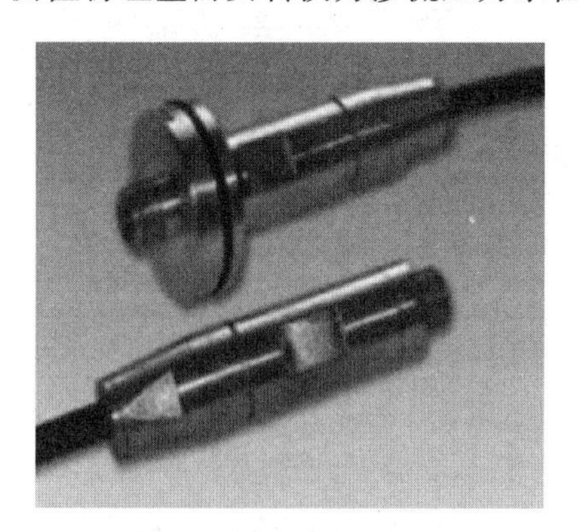
图 3.2.5　差阻式渗压计实物图

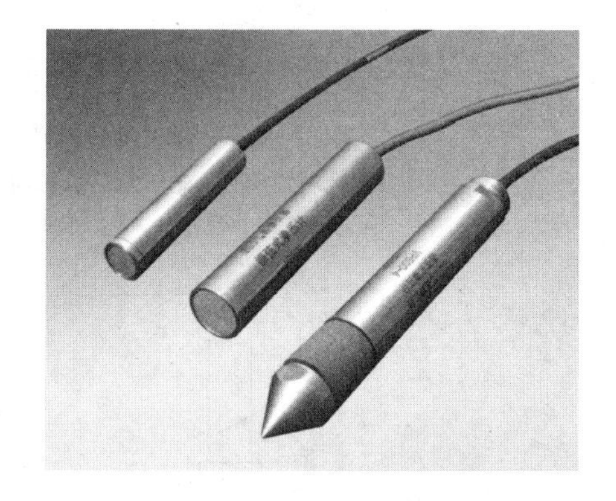
图 3.2.6　振弦式渗压计实物图

3.2.4　测压管埋设与安装

混凝土坝坝基扬压力观测一般采用安装测压管方式。单管式测压管有预埋式和钻孔式两种，帷幕附近不宜采用预埋式测压管。安装单管式测压管时，应尽量使导管段和进水管段处于同一铅垂线上。若需要埋设水平管段时，水平管段应略有倾斜，靠近进水管端应略低，坡度约为 5%。管口应引到不被淹没处。采用钻孔式测压管时，应对混凝土与基岩接触段进行灌浆处理，亦可下套管至建基面，套管与孔壁间的间隙应以砂浆填封。在完整的基岩中安装测压管时，则不需要进水管和导管，仅安设管口装置。

1. 坝底基岩面下的测压管埋设及安装

（1）测压管应在坝基帷幕灌浆后埋设安装，宜在基础廊道内采用钻孔安装。

（2）按设计要求确定钻孔孔位，开孔直径宜为 90mm；钻孔应伸入建基面以下 0.5～1.0m；钻孔倾斜度应小于 1/100；终孔后用泵供清水清孔至孔内岩粉冲出钻孔为止。

（3）测压管进水管段长度宜为 0.5m。测压管就位后，管与孔壁间回填中粗砂至基础廊道地面以下 1.0～2.0m，其余孔段回填水泥砂浆后，安装孔口装置，如图 3.2.7 所示。

2. 深孔单管式测压管埋设及安装

（1）在设计定位处钻孔，孔径不小于 110mm，孔深以达到设计监测层位为准，钻孔倾斜度应小于 1/100。

（2）终孔后用泵供清水清孔至孔内岩粉冲出钻孔为止，宜将孔中剩水泵出，按孔深和设计的进水管段长度制备测压管。

（3）实测孔深和孔口高程，并在测深器具的控制下，在孔底回填 20～30cm 的粒径小于 5mm 的砾石。

（4）按序装配或将预先装配好的测压管顺入钻孔中，并置于孔中心，缓慢向钻孔中填入粒径为 2～3mm 的粗砂，砂层厚度控制在比进水管段长约 20cm，测量确认后，向孔内注入能够淹没砂层的适量的清水，再向孔内缓慢注入水泥砂浆，直至填满为止，如图 3.2.8 所示。

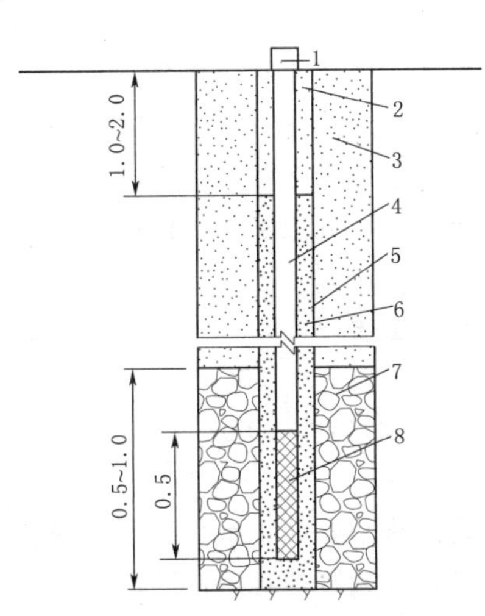

图 3.2.7　基础廊道基岩测压管钻孔安装埋设示意图（单位：m）

1—管口装置；2—水泥砂浆；3—混凝土体；4—测压管；5—钻孔；6—砂砾；7—基岩体；8—进水管

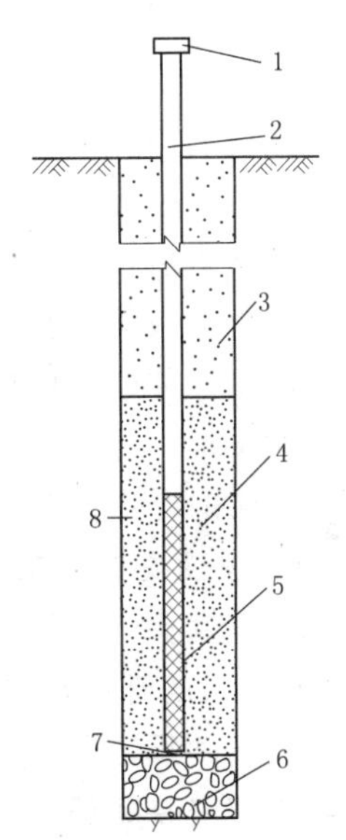

图 3.2.8　深孔单管式测压管安装埋设示意图

1—管口盖；2—测压管导管段；3—水泥砂浆；4—净粗砂；5—测压管进水管段；6—砾石；7—测压管底盖；8—钻孔

3.2.5　渗压计埋设与安装

采用渗压计观测坝体渗透压力时，渗压计量程应与测点实有压力相适应，必要时宜选用能消除气压的渗压计。钻孔埋设的渗压计埋设高程的允许偏差为±5cm；坑、洞、平孔式埋设的，渗压计埋设高程允许偏差为±10cm，渗压计的起始值应在安装现场确定。

1. 渗压计安装埋设前的准备工作

（1）备好足够的干净中粗砂、粒径小于5mm的砾石、回填材料及其他埋设辅材和专用工具等。

（2）对渗压计及其电缆进行外观检查，并用适配仪表检测其有关参数，应满足安装要求。当渗压计自带电缆长小于孔深需接长电缆时，宜提前在室内接线，具体要求见附录。

（3）安装前先将渗压计透水石（滤头）取下，渗压计和透水石同置于饱和清水中浸泡2h以上；透水石（滤头）的安装应在饱和水中进行，并将渗压计留置饱和水中待用。

2. 混凝土浇筑层面埋设安装渗压计方法

（1）在设计定位处预留，或待混凝土初凝后终凝前人工制备一方圆约30cm、深约30cm的浅坑或孔。

（2）在孔或坑底铺一层约10cm的干净中粗砂后，将渗压计透水石（滤头）朝向上游或来水方向平卧，轻轻压入砂层至约半径处，使之水平；撒少许清水湿砂，使砂和渗压计较稳固；实测渗压计承压膜处上圆周面高程，扣除渗压计半径值作为其安装高程；或将渗压计透水石向下铅直安设，渗压计顶平面高程扣除其至承压膜的长度值即为渗压计安装高程。

（3）读取初始值后向孔或坑内回填中细净砂至与孔口或坑口平齐。

（4）在孔口或坑口平面向电缆走线方向制备一略大于电缆直径的长约50cm的S形细沟槽，电缆沿沟槽嵌入后，在孔口或坑口周围以及电缆沟槽上铺设一层约3cm的水泥砂浆，并将预制混凝土盖板盖于孔、坑口，旋压使之与砂浆紧密接触后，再浇筑下一序混凝土，如图3.2.9所示。如电缆由预制盖板预留孔穿出，出线处应加防水保护，必要时电缆出线处可设橡胶截水环。

（5）渗压计安装时，应及时填写渗压计埋设安装考证表。

3. 在基岩面上埋设安装渗压计方法

（1）在设计位置钻孔，钻孔直径50～90mm，钻孔深度约1.0m。钻孔完成后，在孔内回填粒径5～10mm的砾石至与孔口平。

（2）渗压计装入砂袋，电缆引出袋口扎紧后，将砂袋平放在集水孔口，根据渗压计在砂袋中的位置测算其安装高程；之后用砂浆糊住砂袋，待砂浆初凝后，即可在砂袋上浇筑混凝土，如图3.2.10所示。

渗压计埋设完后，按设计要求走向敷设电缆，电缆尽可能向高处引，通过露天处需进行保护。

3.2.6　扬压力观测

1. 测压管法

测压管埋设好后，应编号并绘制竣工图，测量管口高程，进行注水或放水试验，检查测压管的灵敏度。对于管中水位低于管口的进行注水试验，方法同土坝浸润线测压管灵敏度检验。管中水位高于管口的进行放水试验，放水后关闭阀门，根据压力表计算压力上升的时间过程，绘制压力过程线。如恢复到原来压力的时间超过2h，认为灵敏度不合格，应分析原因，并采取补救措施。

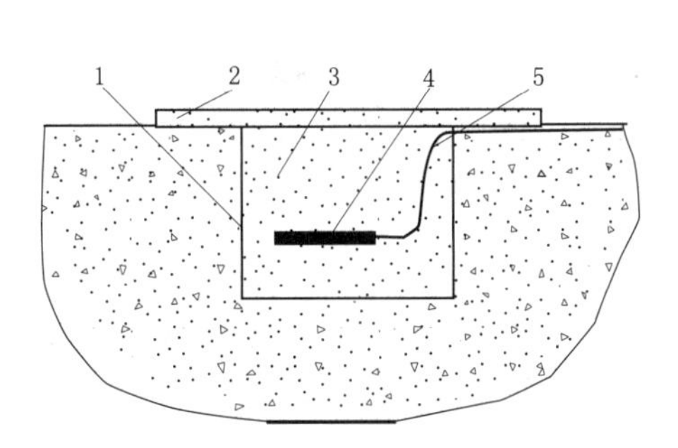

图 3.2.9　混凝土浇筑层面渗压计埋设安装示意图

1—预留孔或制备坑；2—混凝土盖板；3—干净中细砂；4—渗压计；5—电缆

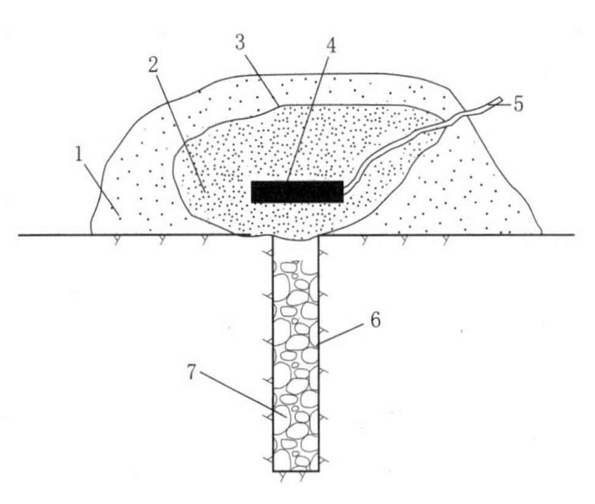

图 3.2.10　基岩面上渗压计埋设安装示意图

1—水泥砂浆；2—中粗净砂；3—麻袋；4—渗压计；5—电缆；6—钻孔；7—砂砾

当测压管中的扬压水位低于管口时，其水位观测方法和设备与土坝浸润线观测一样，先测出管口高程，再测出管口至管内水面的高度，然后计算得出管内水位高程。对于管中水位高于管口的，一般用压力表或水银压差计进行观测。压力表适用于测压管水位高于管口 3m 以上，压差计适用于测压管水位高于管口 5m 以下。

用压力表观测时，需在测压管顶部开一岔管安装压力表，图 3.2.11 为常用连接方法示意图。压力表可以固定安装在测压管上，也可观测时临时安装。若观测时临时安装，需待压力表指针稳定后才能进行读数。压力表宜采用水管或蒸汽管上应用的压力表，其规格根据管口可能产生的最大压力值进行选用，一般应使压力值在压力表最大读数的 1/3～2/3 量程范围内较为适宜。观测时应读到最小估读单位，测读两次。两次读数差不得大于压力表最小刻度单位。测压管水位 Z 的计算方法为

$$Z = Z_b + 0.102p \tag{3.2.1}$$

式中　Z_b——压力表座中心高程，m；

p——压力表读数，kPa。

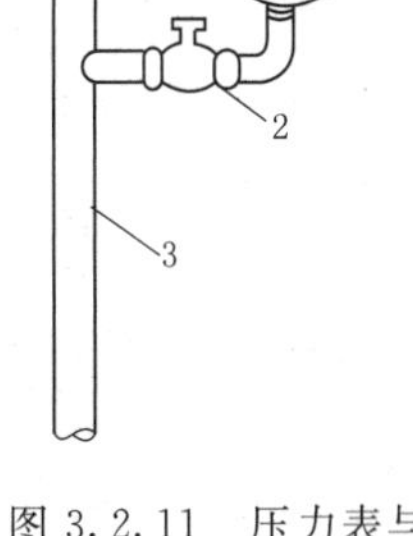

图 3.2.11　压力表与测压管连接示意图

1—压力表；2—阀门；3—测压管；4—管帽

2. 渗压计法

无论是测压管内水位高于还是低于管口，均可采用渗压计（孔隙水压力计）进行测读，渗压计所在高程加上其所测水压（水头），即为该处水位。观测坝体水平施工缝上的渗透压力，宜采用渗压计。

（1）差阻式渗压计计算水压力 P 的公式为

$$P = f\Delta Z + b\Delta t \tag{3.2.2}$$

式中　P——渗水压力，MPa；

f——渗压计最小读数，MPa/0.01%，由厂家给出；

b——渗压计的温度修正系数，MPa/℃，由厂家给出；

ΔZ——电阻比相对于基准值的变化量，0.01%；

Δt——温度相对于基准值的变化量，℃。

（2）振弦式渗压计计算水压力 P 的公式为

频率模数：

$$F_i=\frac{f_i^2}{1000} \tag{3.2.3}$$

渗透压力的线性公式：

$$P=G\times(F_0-F_i)+K\times(T_i-T_0) \tag{3.2.4}$$

渗透压力的多项式公式：

$$P=(A\times F_i^2+B\times F_i+C)+K\times(T_i-T_0) \tag{3.2.5}$$

式中　F_i——当前时刻测得频率模数值；

f_i——当前时刻测得频率值；

P——测点水压力，MPa；

G——线性计算系数，由厂家给出；

K——温度修正系数，由厂家给出；

T_i——当前时刻测得温度值；

T_0——基准时刻值测得温度值；

A、B、C——多项式计算系数，由厂家给出。

结合本次工作任务学习情况，总结学习要点、个人收获等内容。

技能训练

一、基础知识测试

1. 由进水管段、导管段和管口保护设备组成的是（　　）设备。

A. 沉降仪　　B. 水准仪

C. 测压管　　D. 经纬仪

2. 混凝土坝坝基扬压力观测，若管中水位高于管口，一般采用（　　）观测。

A. 电测水位计　　B. 测深钟

C. 量水堰　　D. 压力表

3. 测压管宜采用镀锌钢管或硬塑料管，内径宜为（　　）。

A. 18mm　　B. 30mm

C. 50mm　　D. 60mm

4. 渗压计安装前需在水中浸泡（　　）小时以上，使其达到饱和状态。

A. 8　　B. 12

C. 24　　D. 36

5. 当采用压力表量测测压管的水头时，应根据管口可能产生的最大压力值，选用量程合适的精密压力表使度数在（　　）量程范围内。

A. 1/3～2/3　　B. 1/4～1/2

C. 1/4～3/4　　D. 2/5～4/5

6. 纵向监测断面宜布置在第一道排水幕线上，每个坝段至少应设（　　）测点。

A. 1　　B. 2

C. 3　　D. 4

7. 重力坝横向监测断面宜选择在最大坝高段、地质构造复杂的谷岸台地坝段及灌浆帷幕转折点的坝段。横断面间距一般为（　　）m。

A. 50～100　　B. 20～50

C. 100～150　　D. 150～200

8. 用于建基面上的渗透压力监测以及其他点式孔隙水压力监测的测压管，进水管段长度宜为（　　）左右。

A. 1.5m　　B. 1.0m

C. 0.5m　　D. 2.0m

9. 坝基渗流压力观测横断面上的测点布置，应根据建筑物地下轮廓形状、坝基地质条件，以及防渗和排水型式等确定，一般每个断面上的测点不少于（　　）个。

A. 2　　B. 3

C. 4　　D. 5

二、技能训练

1. 已知图 3.2.12 为刘家峡大坝一个横断面上各孔的扬压水位与水库水位过程线，其中时间为横坐标、水位为纵坐标，从图中分析大坝扬压水位的变化规律，并分析库水位与扬压水头之间相关关系。

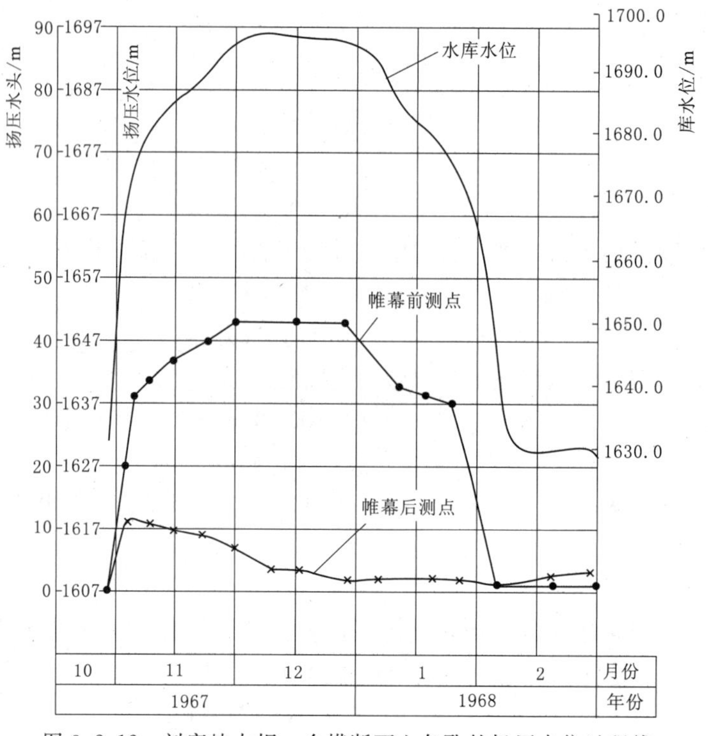

图 3.2.12　刘家峡大坝一个横断面上各孔的扬压水位过程线

2. 已知表 3.2.1 为丰满大坝第 27 坝段实测扬压力成果表，根据统计数据做出库水位和扬压力相关线图，利用回归分析方法求出回归方程，分析其相关关系，推算水库水位为 266.5m 时，扬压力预测值，并与实测值比较分析。

表 3.2.1　　丰满大坝第 27 坝段实测扬压力成果表

序号	观测日期			库水位/m	扬压力/kN
	年	月	日		
1	1973	3	1	247.87	15160
2		5	8	253.70	15260
3		7	5	255.97	15510
4		7	18	254.60	15800
5		9	10	262.33	16130
6		10	12	261.51	16250
7	1974	3	28	238.93	14430
8		4	13	239.32	14450
9		7	10	252.38	15500
10		10	7	255.57	15780
11	1975	4	3	239.04	14140
12		8	5	262.92	16440
13		8	16	262.43	15630
14		9	17	261.73	16160
15		10	7	261.12	16190

任务3.3　混凝土坝监测资料整编与分析

导向问题

大坝监测资料的管理与分析是实现大坝安全监控的技术保障，也是大坝安全管理的重要组成部分。从大坝安全管理的角度来看，对监测资料的整编与分析要达到的要求是对监测数据、考证数据及有关资料进行系统的整理整编，实现文档化及电子化信息管理，对观测资料进行初步分析，对监测资料进行必要的定量分析和定性分析，对大坝的工作性态做出及时的分析、解释、评估和预测，能有效地监控大坝安全、指导大坝运行和维护提供可靠依据。那么，如何对大坝安全监测数据进行合理性和可靠性检验，识别和剔除粗差，消除系统误差，确保监测资料应具有准确性、连续性和系统性？如何对监测资料进行初步整理分析对大坝安全运行状态进行判断？

3.3.1 大坝监测数据整理与整编

大坝安全监测过程中，资料整理和相关分析要及时，应做到及时整理，及时上报。通过原型观测取得数据后，须进行科学的整理分析，从空间、时间和相关性上分析成果（图表、简报报告），找出变化规律及各种影响因素的相互关系，获得规律性认识，做出正确判断，为保证水利工程的安全、合理运用和科学研究提供依据。因此，在进行各种观测工作之后，应立即对观测资料进行整理分析，并间隔一定时期将观测资料进行整编。

1. 资料的收集和整理

资料进行收集和整理包括如下内容：

（1）工程基本资料的收集。包括工程概况和特征参数、工程枢纽平面布置图、主要建筑物及其基础地质剖面图等；大坝施工和运行以来出现问题的部位、性质、发现的时间、处理情况和效果；大坝运行中重点关注的部位；重要监测项目的设计警戒值或安全监控指标等。

（2）设计图纸和仪器设备基本资料。包括监测系统设计原则、各项目设置目的、测点布置情况说明；各种仪器设备型号、规格、主要附件、技术参数、检验率定资料等；监测系统平面布置、纵横剖面图。

（3）监测设施的基本资料。包括各种仪器设备的检验或率定记录，观测仪器设备埋设竣工图，埋设、安装记录（考证表，其整编表格见规范），设备变化及维修、改进记录等。

（4）监测记录。监测记录包括巡视检查、仪器监测资料的记录以及物理量的测值计算。监测记录表格参考相关规范。

（5）监测资料的整理。每次外业监测（包括人工和自动化监测）完成后，应随即对原始记录的准确性、可靠性、完整性加以检查、检验，将其换算成所需要的监测物理量，并判断测值有无异常。物理量统计表见相关规范。

（6）监测资料的整编。包括现场观测记录、成果计算资料、成果统计资料、曲线图、观测报表、观测分析报告等的整理和编写。

2．原始观测数据的检验

对现场观测的数据或自动化仪器所采集的数据，应检查作业方法是否合乎规定，各项被检验数值是否在限差以内，是否存在粗差，是否存在系统误差。若判定观测数据不在限差以内或含有粗差，应立即重测；若判定观测数据含有较大的系统误差时，应分析原因，并设法减少或消除系统误差的影响。

任何测量过程都不可能得到与实际情况完全相符的测值，由于种种原因，测量数据中不可避免会有误差。测值与真值的差异称为观测误差。

误差来源主要有：①仪器误差（含随时间产生的误差）；②人为误差（含测错、读错、记录错）；③自然条件引起的误差；④测量方法的误差。从误差的性质上讲，误差可以分为系统误差、偶然误差和粗差。

明显歪曲测量结果的误差称为粗大误差，又称为过失误差或粗差。粗差主要由人为因素造成。例如，测量人员工作时疏忽大意，出现了读数错误、记录错误、计算错误或操作不当等。另外，测量方法不恰当，测量条件意外地突然变化，也可能造成粗差。

对粗差（过失误差），应采用物理判别法及统计判别法，根据一定准则进行谨慎地检查、判别、推断，对确定为观测异常的数据要立即重测，已经来不及重测的粗差值应予以剔除。

有条件时，应通过调查或试验对测量中存在的方法误差、装置误差、环境误差、人员主观误差，处理测量数据时产生的舍入误差、近似计算误差，以及计算时由于数学物理常数有误差而带来的测值误差进行分析研究，以判断其数值大小，找出改进措施，从而提高观测精度，改善测值质量。

对现场观测的数据或自动化仪器所采集的数据，应检查作业方法是否合乎规定，各项被检验数值是否在限差以内，是否存在租差或系统误差。若判定观测数据超出限差时，应立即重测。

3．监测数据的计算

经检验合格的观测数据，应按照一定的方法换算为监测物理量。数据计算应方法正确、计算准确。计算时，应采用国际单位制。有效数字的位数应与仪器读数精度相匹配，且始终一致，不随意增减。应严格坚持校审制度，计算成果一般应经过全面校核、重点复核、合理性审查等几个步骤，以保证成果准确无误。对于测得的上、下游水位和坝区气温应计算各自的日、旬、月及年平均值。物理值的正负号应遵守规范的规定。规范没有统一规定，应在观测开始时就明确加以定义，且始终不变。

4．监测数值的整理和相关关系图的绘制

所有监测物理量数值都应列入相应的表格并存入计算机。应根据工作需要经人工填写或通过计算机生成各种成果表及报表，包括月报表、年报表、重要情况下的日报表以及经过系统整理的各种专项成果表等。如果是人工填写的表格，应满足相关规定：字体端正、

清楚，用钢笔书写；有错时应以横线划掉后在其上方填上正确数字，在第二次改正时，应进行重新测量、记录；有疑问的数字，应在其左上角标上注记号，并在备注栏内说明疑问原因及有关情况；观测资料中断时，应在相应格内填以缺测符号“—”，在备注栏内说明中断原因。

每个测点的各种监测数据应绘制成必要的图形来反映其变化关系。一般常绘制效应观测量及环境观测量的过程线、相关图及过程相关图。过程线包括单测点的、多测点的以及同时反映环境量变化的综合过程线；分布图包括一维分布图、二维等值线图或立体图；相关图包括点聚图、单相关图及复相关图；过程相关图依时序在相关图点位间标出变化轨迹及方向。

监测曲线图一般用计算机来绘制。要求能清楚地表达数值的范围及变化为宜。能用较小图幅表达的就不用较大图幅，一般多采用小于 16 开（B5 纸）的图幅，以便和文字、表格一同装订，也便于翻阅。图的纵横比例尺要适当，图上的标注要齐全，图号、图名、坐标名称、单位及标尺（刻度）都应在图上适宜位置标注清楚，必要时附以图例或图注。

5. 监测资料整编

监测资料整编一般以一个日历年为一整编时段。每年整编工作必须在下一年度的汛期前完成。整编工作包括汇集资料，对资料进行考证、检查、校审和精度评定，编制整编观测成果表及各种曲线图，编写观测情况及资料使用说明，将整编成果刊印等。

整编时对观测成果所作的检查不同于资料整理时的校核性检查，而主要是合理性检查。这常通过将监测值与历史测值对比，与相邻测点对照以及与同一部位几种有关项目间数值的对应关系检查来进行。对检查出的不合理数据，应作出说明，不属于十分明显的错误，一般不应随意舍弃或改正。

对观测成果校审，主要是在日常校审基础上的抽校，以及对时段统计数据的检查、成果图表的格式统一性检查、同一数据在不同表中出现时的一致性检查和全面综合审查。

整编时须对主要监测项目的精度给出分析评定或估计，列出误差范围，以利于资料的正确使用。整编中编写的观测说明，一般包括观测布置图、测点考证表，采用的仪器设备型号、参数等说明，观测方法、计算方法、基准值采用、正负号规定等的简要介绍，以及考证、检查、校审、精度评定的情况说明等。整编成果中应编入整编时段内所有的观测效应量和原因量的成果表、曲线图以及现场检查成果。

对整编成果质量的要求是：项目齐全、图表完整、考证清楚、方法正确、资料恰当、说明完备、规格统一、数字正确。成果表中应根除大的差错，细节性错误的出现率不超过 1/2000。

整编后的成果均应印刷装订成册。大型工程的观测整编成果还应存入计算机的硬盘或光盘，整编所依据的原始资料应分册装订存档。

3.3.2　监测资料的分析

1. 监测资料的初步分析

监测资料的初步分析是在对资料进行整理后，采用测值过程线、测值分布图、相关图及测值比较对照等方法对其进行初步的分析与检查。

（1）测值过程线分析。以观测时间为横坐标，所考察的测值为纵坐标点绘的曲线称为过程线。它反映了测值随时间而变化的过程。由过程线可以看出，测值变化有无周期性，最大值、最小值是多少，一年或多年变幅有多大，各时期变化梯度（快慢）如何，有无反常的升降等。图上还可同时绘出有关因素如水库水位、气温等的过程线，以了解测值和这些因素的变化是否相适应，周期是否相同，滞后多长时间，两者变化幅度大致比例等。图上也可同时绘出不同测点或不同项目的曲线，以比较它们之间的联系和差异。测值过程线图可见本书前面各个章节。

（2）测值分布图分析。以横坐标表示测点位置，纵坐标表示测值所绘制的台阶图或曲线称为分布图。它反映了测值沿空间的分布情况。由图可看出测值分布有无规律，最大值、最小值在什么位置，各点间特别是相邻点间的差异大小等。图上可绘出有关因素如坝高、弱性模量等的分布值，以了解测值的分布是否和它们相适应。图上也可同时绘出同一项目不同测次和不同项目同一测次的数值分布，以比较其间联系及差异。

当测点分布不便用一个坐标来反映时，可用纵横坐标共同表示测点位置，把测值记在测点位置旁边，然后绘制测值的等值线图来进行考察。测值发布图可见本书各个章节。

（3）相关图分析。以纵坐标表示测值，以横坐标表示有关因素（如水位、温度等）所绘制的散点加回归线的图称为相关图。它反映了测值和该因素的关系，如变化趋势、相关密切程度等。

有的相关图上把各测值依次用箭头相连并在点据旁注上观测时间，可以看出测值变化过程、测值升和降对测值的不同影响以及测值滞后于因子程度等，这种图也称为过程相关图。有的相关图上把另一影响因素值标在点据旁（如在水位-位移关系图上标出温度值），可以看出该因素对测值变化影响情况，当影响明显时，还可绘出该因素等值线，这种图称为复相关图，表达了两种因素和测值的关系。

由各年度相关线位置的变化情况，可以发现测值有无系统的变动趋向，有无异常迹象。由测值在相关图上的点据位置是否在相关区内，可以初步了解测值是否正常。

（4）测值作比较对照。

1）和前几次测值相比较，看是连续渐变还是突变。

2）和历史极大值、极小值比较，看变化是否较大。

3）和历史上同条件（水库水位、温度等条件相近）测值比较，看差异程度和偏离方向（正或负）。比较时最好选用历史上同条件的多次测值作参照对象，以避免片面性。除比较测值外，还应比较变化趋势、变幅等方面是否有异常。

4）和设计计算、模型试验数值比较，看变化和分布趋势是否相近。数值差别有多大，测值是偏大还是偏小。

5）和规定的安全控制值相比较，看测值是否超过。

6）和预测值相比较，看出入大小是偏于安全还是偏于危险。

2. 监测资料的统计模型分析

水工建筑物的观测物理量大致可以分为两大类：第一类为荷载类，也称为环境量或自变因子，如水压力、泥沙压力、温度（包括气温、水温、坝体和坝基温度）、地震荷载等；第二类为荷载效应类，也称为效应量、因变量或预报因子，如变形、裂缝开度、应力、应

变、扬压力、孔隙水压力等。

在坝工实际问题中，影响效应量的因素往往是复杂的，如大坝位移除了受到库水位影响外，还受到温度、渗流、施工、地基、周围环境和时效等因素的影响。因此在寻求自变因子和预报因子之间的关系时，不可避免地涉及许多因素，找到各个自变因子对某一预报量之间的关系，建立它们之间的数学表达式，即模型，借此推算某一效应量的预报值，并与实测值比较，以判断建筑物的工作状况；同时通过分离模型中的各个分量，并用其变化规律分析和评估建筑物的结构形态。

结合本次工作任务学习情况，总结学习要点、个人收获等内容。

技能训练

一、基础知识测试

1. 表示 2 个以上监测量的测值和测点位置之间关系的图形是（　　）。

A. 相关图　　B. 过程线图　　C. 分布图　　D. 散点图

2. 监测资料的整编一般要经过收集资料、（　　）、资料的审定编印三个阶段。

A. 审查资料　　B. 计算　　C. 设计　　D. 资料计算

3. 经检查、检验后，若判定监测数据不在限差以内或含有粗差，应立即（　　）。

A. 重测　　B. 计算　　C. 分析　　D. 忽略

4. 若判定监测数据含有较大的系统误差时，应（　　），并设法减少或消除其影响。

A. 重测　　B. 计算　　C. 分析　　D. 忽略

5. 由于观测人员的疏忽而产生的错误为（　　）。

A. 疏失误差　　B. 系统误差　　C. 偶然误差　　D. 结构误差

6. 由于观测设备、仪器、操作方法不完善或外界条件变化所引起的一种有规律的误差为（　　）。

A. 疏失误差　　B. 系统误差　　C. 偶然误差　　D. 结构误差

7. 量具不准引起的测长误差为（　　）。

A. 疏失误差　　B. 系统误差　　C. 偶然误差　　D. 结构误差

8. 监测资料的整理不包括（　　）。

A. 检查和检验监测数据

B. 计算各种物理量

C. 填写监测成果表，绘制有关效应量与环境量的关系图

D. 确定效应量的预报模型

9. 测值过程线反映了测值随（　　）的变化过程，由此可以分析测值的变化快慢、趋势，变幅、极限值，以及有无周期性变化，并可发现反常的变化。

A. 时间　　B. 距离　　C. 空间　　D. 目标

二、技能训练

混凝土坝安全监测综合分析

1. 工程和监测概况

某水库是一座以防洪灌溉为主，结合发电、养鱼、供水等综合利用的大型水利工程。挡水坝为混凝土重力坝，最大坝高 76.5m，坝顶长 317m，分 18 个坝段，其中 6 号～8 号为溢流坝段，1 号～5 号及 9 号～18 号为非溢流坝段。

大坝监测系统由变形、渗流及内部观测三部分组成。其中变形观测系统项目包括坝顶垂直和水平位移、伸缩缝、坝体挠度观测。水平、垂直位移在每个坝段均设有一个测点，共 18 个测点，采用 SD－65 型大坝视准仪观测，观测密度为一个月观测一次。对 2 号～3 号、6 号～7 号、8 号～9 号、11 号～12 号、14 号～15 号坝段间伸缩缝在坝顶、坝中设测点进行观测，观测仪器为 0～500mm 游标卡尺，观测密度为每星期观测一次，伸缩缝

考证表见表 3.3.1。

表 3.3.1 **伸缩缝观测点位考证表**

标号	坝 段	轴 距/m	高 程/m	桩 号
下 5	15/14	下 5.63	41.78	0+220
下 4	12/11	下 0.40	28.32	0+172
下 3	9/8	下 0.40	28.22	0+124
下 2	7/6	下 0.40	28.12	0+084
下 1	3/2	下 5.63	61.00	0+013
上 1	3/2	下 5.25	93.18	0+013
上 2	7/6	下 5.25	93.19	0+084
上 3	9/8	下 5.25	93.18	0+124
上 4	12/11	下 5.25	93.17	0+172
上 5	15/14	下 5.25	93.06	0+220

2. 分析内容和要求

已知 2 号～3 号坝段 2000—2001 年度伸缩缝观测资料和 2000—2001 年水库上下游水位、气温和降雨。试根据《混凝土坝安全监测资料整编规程》(DL/T 5209—2020) 要求，完成如下变形资料整编和初步分析工作：

(1) 统计环境量(上游水位、降水量、气温)和伸缩缝观测资料的特征值(2000 年度最大、最小、均值)。

(2) 绘制环境量(上游水位、降水量、气温)和伸缩缝开度变形过程线。

(3) 绘制伸缩缝年度展开变形与气温相关关系图。

(4) 绘制伸缩缝年度展开变形与上游水位相关关系图。

(5) 简单描述该水库伸缩缝开度变形变化规律。

3. 成果分析

(1) 统计环境量(上游水位、降水量、气温)和伸缩缝观测资料的特征值(2000 年度最大、最小、均值)。

2000 年水库上游水位统计表 单位：m

日期	月份											
	1	2	3	4	5	6	7	8	9	10	11	12
1	72.79	71.48	71.62	70.90	67.81	66.24	72.27	71.06	77.19	77.93	79.39	80.48
2	72.79	71.48	71.50	70.83	67.75	66.31	72.31	70.93	77.33	77.85	79.77	80.44
3	72.78	71.48	71.39	70.76	67.70	66.37	72.37	70.82	77.38	77.85	79.94	80.38
4	72.73	71.48	71.30	70.69	67.67	66.38	72.39	70.72	77.41	77.97	80.04	80.34
5	72.66	71.48	71.24	70.62	67.62	66.42	72.47	70.68	77.38	78.05	80.09	80.28
6	72.60	71.48	71.17	70.55	67.56	66.44	72.58	70.66	77.31	78.27	80.11	80.22

续表

日期	月份											
	1	2	3	4	5	6	7	8	9	10	11	12
7	72.54	71.49	71.06	70.46	67.50	66.37	72.61	70.64	77.33	78.57	80.04	80.14
8	72.48	71.48	70.95	70.30	67.44	66.45	72.66	70.53	77.35	78.91	79.98	80.04
9	72.42	71.48	70.86	70.18	67.37	66.87	72.69	70.32	77.38	79.06	80.15	79.94
10	72.35	71.48	70.75	70.05	67.36	67.39	73.28	70.21	77.38	79.13	80.43	79.84
11	72.30	71.48	70.85	69.94	67.32	67.89	74.11	70.18	77.38	79.16	80.57	79.73
12	72.24	71.48	71.07	69.80	67.27	68.37	74.21	70.13	77.35	79.18	80.64	79.59
13	72.16	71.40	71.25	69.66	67.23	68.55	74.18	70.06	77.25	79.18	80.68	79.49
14	72.09	71.33	71.30	69.53	67.17	68.58	74.10	70.00	77.24	79.19	80.71	79.40
15	72.03	71.25	71.40	69.40	67.10	68.61	74.08	69.93	78.45	79.19	80.74	79.40
16	72.07	71.17	71.66	69.27	67.06	68.61	74.09	69.85	79.01	79.20	80.77	79.40
17	72.11	71.10	71.81	69.14	67.02	68.75	74.09	69.80	79.06	79.16	80.81	79.42
18	72.10	71.03	71.81	69.00	66.96	68.81	74.07	69.76	79.00	79.15	80.83	79.45
19	72.06	71.16	71.85	69.84	66.90	68.87	74.04	69.76	78.94	79.06	80.84	79.48
20	72.03	71.45	71.86	68.74	66.84	69.00	74.01	69.76	78.88	78.96	80.92	79.36
21	71.98	71.55	71.84	68.65	66.78	69.33	73.99	69.79	78.80	78.95	81.04	79.24
22	71.93	71.60	71.75	68.56	66.72	70.19	73.94	69.82	78.72	79.03	81.06	79.12
23	71.92	71.59	71.66	68.50	66.66	71.03	73.71	69.84	78.64	79.37	80.01	78.98
24	71.90	71.65	71.57	68.43	66.54	71.81	73.40	70.04	78.52	79.53	80.93	78.85
25	71.86	71.71	71.53	68.35	66.44	72.09	73.06	71.27	78.42	79.55	80.82	78.71
26	71.82	71.73	71.46	68.26	66.38	72.17	72.67	71.75	78.30	79.55	80.74	78.58
27	71.77	71.73	71.39	68.18	66.32	72.14	72.28	73.13	78.18	79.54	80.71	78.45
28	71.72	71.72	71.31	68.08	66.24	72.14	71.90	73.23	78.04	79.50	80.66	78.30
29	71.66	71.68	71.22	67.98	66.15	72.20	71.51	73.22	77.94	79.44	80.58	78.17
30	71.60		71.15	67.89	66.08	72.23	71.20	74.05	77.88	79.37	80.51	78.03
31	71.54		71.02		66.04		71.12	76.61		79.31		77.90
全月统计 最高	72.79	71.73	71.86	70.90	67.81	72.23	74.21	76.61	79.06	79.55	81.06	80.48
全月统计 日期	1	26	20	1	1	31	12	31	17	25	22	1
全月统计 最低	71.54	71.03	70.75	67.89	66.04	66.24	71.12	69.76	77.19	77.85	79.39	77.90
全月统计 日期	31	18	10	30	31	1	31	18	1	2	1	31
全月统计 均值	72.16	71.47	71.37	69.42	67.00	68.89	73.08	70.92	77.98	78.97	80.48	79.39
全年统计	最高	81.06				最低	66.04				均值	73.43
	日期	2000年11月22日				日期	2000年5月31日					

2000 年气温统计表　　单位:℃

日期	月份											
	1	2	3	4	5	6	7	8	9	10	11	12
1	12.5	4.0	7.2	17.5	18.8	26.0	32.0	29.0	29.5	25.0	15.5	13.5
2	10.0	4.2	9.0	16.0	19.2	27.5	30.5	29.5	29.8	26.0	16.8	13.0
3	10.2	7.0	13.5	15.2	18.8	27.0	30.5	28.8	30.5	22.2	15.5	12.0
4	14.0	4.8	13.2	12.5	21.0	26.5	29.8	29.2	33.0	21.2	18.0	9.8
5	15.2	7.5	11.0	15.0	23.5	24.0	29.8	31.0	29.2	20.5	16.8	10.2
6	10.2	5.5	11.2	14.0	23.0	25.0	29.8	30.5	27.2	19.5	19.0	11.8
7	7.5	5.0	9.2	16.0	20.5	27.8	29.5	30.8	25.0	21.5	20.5	12.5
8	9.2	4.8	8.5	17.0	22.5	26.5	28.2	31.2	23.5	23.8	15.2	12.8
9	12.0	4.8	9.5	15.5	23.2	22.5	28.5	31.0	24.5	23.2	15.5	14.0
10	8.2	7.5	7.5	15.0	22.5	17.8	27.0	30.2	25.5	23.8	15.0	15.5
11	11.2	9.0	9.5	14.0	24.2	20.5	28.5	28.8	23.8	25.2	12.0	8.8
12	10.8	7.2	9.5	17.0	24.0	21.8	33.0	29.2	24.8	21.5	10.0	9.0
13	5.5	7.5	9.5	21.2	25.0	23.2	33.2	29.5	23.5	18.2	9.0	5.5
14	5.2	8.8	10.0	19.0	23.5	24.0	34.0	29.2	22.8	18.0	12.0	5.5
15	5.0	6.5	10.0	16.0	27.0	23.5	33.8	30.5	23.0	21.0	14.0	7.0
16	17.0	7.2	12.2	16.8	26.8	21.2	33.2	31.0	23.2	16.5	15.0	10.5
17	7.8	8.5	10.5	17.0	23.0	23.2	30.5	28.5	22.8	18.8	11.5	11.0
18	6.2	8.5	11.2	19.2	21.5	24.8	30.8	29.0	24.0	18.0	16.5	13.5
19	5.5	9.8	12.2	22.0	24.0	24.0	32.5	30.0	23.2	19.8	14.5	12.2
20	2.5	7.0	10.0	18.8	27.5	27.8	32.5	28.0	24.0	20.8	11.5	10.0
21	4.0	6.0	8.8	21.8	26.5	29.0	33.0	27.2	23.8	21.2	9.0	8.0
22	9.5	5.0	13.5	21.8	26.5	26.2	35.0	28.0	25.0	20.0	11.0	8.5
23	8.8	6.0	13.0	18.8	26.5	25.2	34.0	29.2	25.5	22.2	11.8	10.5
24	6.5	7.5	12.5	21.5	26.8	28.0	33.5	26.8	25.8	23.5	9.0	10.5
25	2.5	7.0	12.2	23.5	28.0	29.8	32.0	27.0	26.8	22.8	16.0	8.5
26	1.0	8.0	15.0	23.5	30.0	32.8	31.0	25.8	27.0	20.2	17.0	8.8
27	1.0	8.0	17.5	20.0	24.0	32.0	31.0	27.5	25.2	19.5	12.8	10.8
28	3.0	8.0	20.0	19.5	25.8	31.8	31.0	28.0	25.8	21.5	13.0	11.2
29	5.2	7.8	16.8	20.2	20.0	32.5	30.5	28.2	24.2	17.2	12.8	10.5
30	5.8		16.5	19.5	23.5	32.0	30.5	26.8	23.5	16.5	14.2	10.5
31	3.5		21.0		23.0		29.0	30.0		16.0		9.8

续表

日期		月份											
		1	2	3	4	5	6	7	8	9	10	11	12
全月统计	最高	17.00	9.80	21.00	23.50	30.00	32.80	35.00	31.20	33.00	26.00	20.50	15.50
	日期	16	19	31	25	36	26	22	8	4	2	7	10
	最低	1.00	4.00	7.20	12.50	18.80	17.80	27.00	25.80	22.80	16.00	9.00	5.50
	日期	26	1	1	4	1	10	10	26	17	31	24	13
	均值	7.63	6.84	11.97	18.16	23.87	26.13	31.23	29.01	25.51	20.81	14.01	10.51
全年统计	最高	35.00				最低	1.00					均值	18.81
	日期	2000年7月22日				日期	2000年1月26日						

2000年降水量统计表　　单位：mm

日期	月份											
	1	2	3	4	5	6	7	8	9	10	11	12
1				10.1		3.8			2.8		13.5	2.1
2		0.5		4.8			1.5			20.0		2.0
3			1.0	5.0		4.6				5.2		
4			10.1	3.0		11.2	21.1					
5		5.2	0.3							32.3		
6	9.9		0.2						15.7	16.3		
7	7.5					12.5					16.5	
8	8.1			6.0		29.5					27.9	
9			7.4		8.4	12.2	119.7				1.7	
10		0.2	27.2			19.5		14.1			1.3	
11	3.0		11.0			0.5			1.9	0.4	0.8	
12	2.0		0.2		31.5				0.7	0.5		6.3
13	0.8	6.0	4.3						8.5		6.3	6.2
14	20.8		13.9	5.0					15.1		3.2	
15	11.4		6.3			18.0		3.7	1.6		1.5	
16	3.5	0.5				13.7	1.6	8.3			0.4	0.5
17		2.5	2.2					14.0		5.7		
18		38.1	10.5	1.6				21.7		1.2		
19		6.0		0.8		27.5		9.0		6.9	19.4	5.0
20				5.6				11.3		1.8		0.8
21		7.6	3.0			40.5				31.9		
22	2.0	5.2	5.5	1.3		22.6		0.3		3.8		

续表

日期		月份											
		1	2	3	4	5	6	7	8	9	10	11	12
23		3.1	0.9				10.5		39.7				
24		3.1			1.1	3.3			29.5	0.8			
25						13.8			51.3		2.8		
26						9.7			6.5			2.4	
27			0.6							10.3		0.3	
28			1.7			1.2			7.1	6.3			
29					4.3	3.2		31.3	72.5	1.2			0.6
30						26.0	2.6		32.6		3.9	2.8	
31						13.0					29.0		
全月统计	最大	20.80	38.10	27.20	10.10	31.50	40.50	119.70	72.50	15.70	32.30	27.90	6.30
	日期	14	18	10	1	12	21	9	29	6	5	8	12
	总降雨量	75.2	75.0	103.1	48.6	110.1	229.2	175.2	321.6	64.9	161.7	98.0	23.5
	降水天数	12	13	15	12	8	15	5	15	11	14	14	8
全年统计	最大	35.00				总降水量	1486.1			总降水天数	142		
	日期	2000年7月22日											

2000年伸缩缝测值统计表

观测日期	上-1		下-1	
	X/mm	Y/mm	X/mm	Y/mm
2000-01-07	5.09	1.4	1.2	1.08
2000-01-22	5.16	1.35	1.34	1.03
2000-02-07	5.78	1.31	1.62	1.14
2000-02-22	5.86	1.26	1.72	1.15
2000-03-07	5.49	1.3	1.75	1.22
2000-03-22	5	1.65	1.72	1.15
2000-04-07	4.42	1.74	1.6	1.17
2000-04-22	3.61	1.54	1.45	1.14
2000-05-07	3.45	1.43	1.31	1.09
2000-05-22	2.56	1.07	0.98	1.09
2000-06-07	1.95	1.12	0.66	0.94
2000-06-22	2	1.22	0.52	1.11

续表

观测日期	上-1		下-1	
	X/mm	Y/mm	X/mm	Y/mm
2000-07-07	0.13	1.15	0.34	1.38
2000-07-22	−0.59	1	−0.25	1
2000-08-07	−0.45	0.85	−0.62	0.72
2000-08-22	−0.46	0.87	−0.66	0.7
2000-09-07	−0.41	1.27	−0.59	0.9
2000-09-22	0.16	1.3	−0.52	1.1
2000-10-07	0.76	1.54	−0.33	1.04
2000-10-22	1.31	1.51	−0.21	0.9
2000-11-07	1.64	1.94	0.02	1.12
2000-11-22	2.79	3.04	0.42	1.21
2000-12-07	3.67	2.04	0.64	1.21
2000-12-22	4.46	1.87	0.92	1.22
最大值	5.86	3.04	1.75	1.38
日期	2000-02-22	2000-11-22	2000-03-07	2000-07-07
最小值	−0.59	0.85	−0.66	0.7
日期	2000-07-22	2000-08-07	2000-08-22	2000-08-22
均值	2.64	1.45	0.63	1.08

（2）绘制环境量（上游水位、降水量、气温）和伸缩缝开度变形过程线。

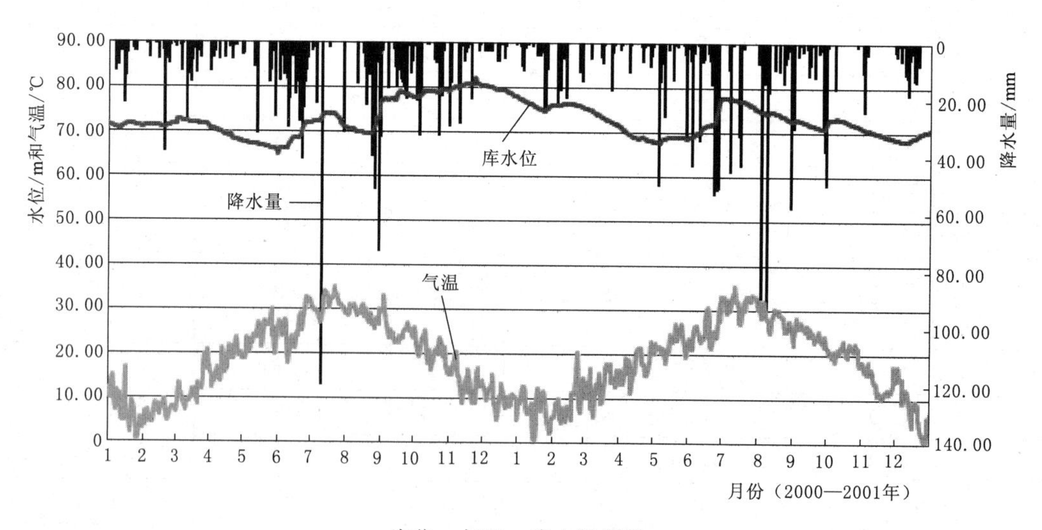

水位、气温、降水过程线

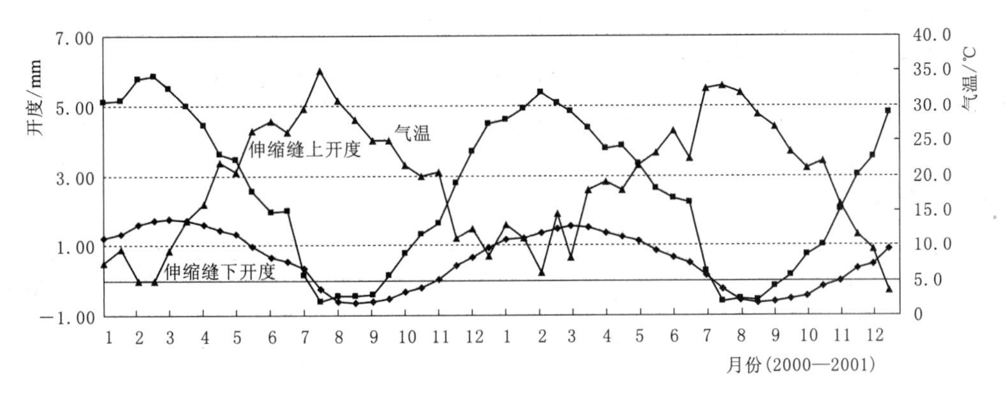

气温与上下伸缩缝开度过程线

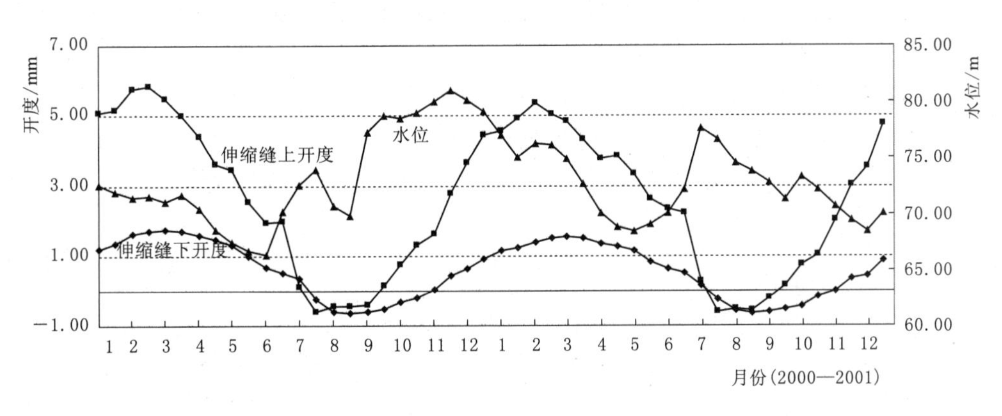

水位与上下伸缩缝开度过程线

(3) 绘制伸缩缝年度展开变形与气温相关关系图。

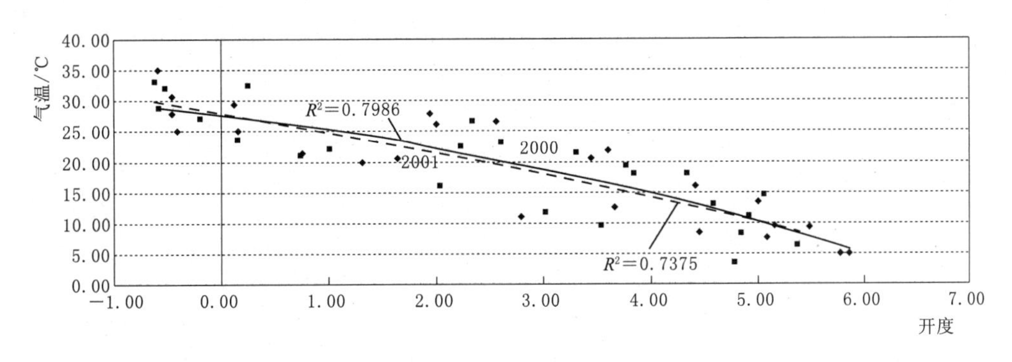

伸缩缝开度与气温相关线

（4）绘制伸缩缝年度展开变形与上游水位相关关系图。

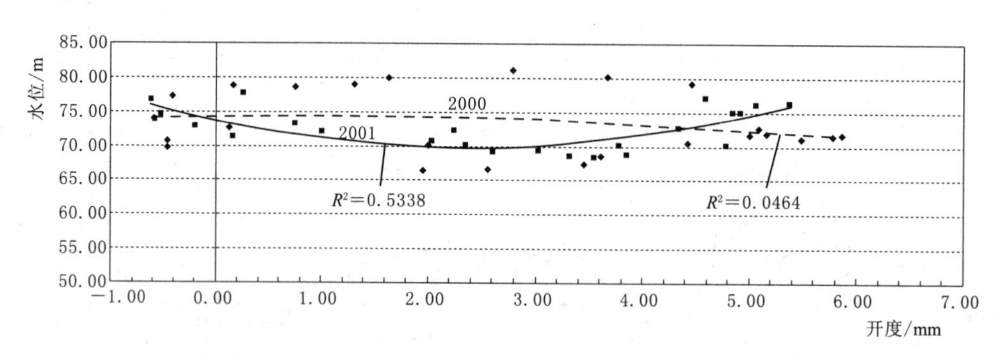

伸缩缝开度与水位相关线

（5）简单描述该水库伸缩缝开度变形变化规律。

1）伸缩缝开度年度呈周期性变化，主要受温度影响。温度和伸缩缝开度过程线显示温度升高开度变小，温度降低开度增加；温度与开度相关线图和相关系数均说明温度与开度变形呈较大的相关性。

2）上部伸缩缝开度变形幅度要大于下部伸缩缝开度。

3）伸缩缝开度变化2000—2001年度呈稳定状态。

模块 4　大坝安全智能监测

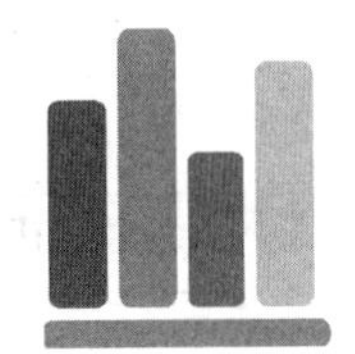

大坝安全智能监测任务书

<table>
<tr><td colspan="2">模块名称</td><td>大 坝 安 全 智 能 监 测</td><td rowspan="3">参考课时/天</td><td>6</td></tr>
<tr><td colspan="2" rowspan="2">学习型工作任务</td><td>任务 4.1 智能监测设备使用</td><td>5</td></tr>
<tr><td>任务 4.2 大坝安全智能监测系统</td><td>1</td></tr>
<tr><td colspan="2">项目目标</td><td colspan="3">掌握智能监测设备的构造，学会设备的使用方法；掌握大坝安全智能监测系统的组成、功能及使用。</td></tr>
<tr><td colspan="2">教学内容</td><td colspan="3">(1) 无人机的构造及使用。
(2) 无人船的构造及使用。
(3) 水下机器人的构造及使用。
(4) 大坝安全智能监测系统的组成及功能及使用</td></tr>
<tr><td rowspan="3">教学目标</td><td>素质</td><td colspan="3">(1) 激发学习兴趣，培养创新意识。
(2) 树立追求卓越、精益求精的岗位责任，培养工匠精神。
(3) 传承大禹精神、红旗渠精神、抗洪精神、愚公移山精神，增强职业荣誉感</td></tr>
<tr><td>知识</td><td colspan="3">(1) 熟悉无人机、无人船、水下机器人的构造。
(2) 掌握监测系统获得数据的整编与分析处理方法</td></tr>
<tr><td>技能</td><td colspan="3">(1) 会无人机、无人船、水下机器人设备的使用方法。
(2) 会使用控制软件。
(3) 能够合理设计勘察路线对指定范围进行勘测。
(4) 根据勘察成果，对水下水上环境测量数据综合进行分析处理。
(5) 能够将大坝安全监测数据进行整编分析并形成报告</td></tr>
<tr><td colspan="2">项目成果</td><td colspan="3">(1) 记录表。
(2) 实训报告。
(3) 监测数据分析报告</td></tr>
<tr><td colspan="2">技术规范</td><td colspan="3">(1)《土石坝安全监测技术规范》(SL 551—2012)。
(2)《混凝土坝安全监测技术规范》(SL 601—2013)。
(3)《无人机通用规范》(GJB 2347—1995)。
(4)《多用途轻型水下作业机器人》(T/SZAF 001—2021)。
(5)《无人水面艇测试管理规范》(DB4404/T 18—2021)</td></tr>
</table>

任务 4.1　智能监测设备使用

导向问题

（1）在生活、专业实习或在相关视频、文献中见到过哪些智能监测设备（无人机、无人船、水下机器人等）？

（2）是否使用过智能监测设备？与传统的监测设备相比，智能监测设备存在哪些优势？

4.1.1　无人机

1. 无人机的检查与物资准备

出发前需确认飞机状态，是否符合飞行任务要求。机体结构无异常状态，机体外表无裂痕破损。电机、电调等电器部件通电后响应正常。确认飞机整体是否满足飞行任务状态。物资检查表填写完毕后，签字留存（表 4.1.1）。

表 4.1.1　　物资检查表

<table>
<tr><td>日期</td><td></td><td>检查人</td><td></td><td rowspan="2">备注</td></tr>
<tr><td>名称</td><td colspan="3">内　容</td></tr>
<tr><td rowspan="2">电池</td><td colspan="3">外观；型号；插头；压差。
电池型号：18650 电池组</td><td></td></tr>
<tr><td colspan="3">填写各组电量</td><td></td></tr>
<tr><td>工具箱</td><td colspan="3">工具：内六角螺丝刀：2.0/2.5/3.0，十字螺丝刀，美工刀和剪刀，尖嘴钳，斜口钳，活口扳手，万用表</td><td></td></tr>
<tr><td>配件箱</td><td colspan="3">所需配件：动力电池用 PC1260 充电器/IDS 和 RTK 设备专用充电器/对讲机充电器，多旋翼螺旋桨≥4 对，固定翼螺旋桨≥2 支，电工胶带≥1 卷，尼龙扎带≥30 根，擦机布</td><td></td></tr>
<tr><td>机体结构</td><td colspan="3">表面干净整洁无明显损坏</td><td></td></tr>
<tr><td>地面站</td><td colspan="3">iPad、苹果数据线
大疆遥控器
相机、相机 SD 卡和作业专用数据存储移动硬盘</td><td></td></tr>
<tr><td rowspan="6">辅助设备</td><td colspan="3">外场专用折叠桌子、折叠椅子、折叠遮阳伞</td><td></td></tr>
<tr><td colspan="3">飞行记录本和写字笔</td><td></td></tr>
<tr><td colspan="3">风速仪、对讲机和 DV 视频记录设备</td><td></td></tr>
<tr><td colspan="3">汽车轮胎情况、汽车燃油量和加油卡</td><td></td></tr>
<tr><td colspan="3">饮用水和食品</td><td></td></tr>
<tr><td colspan="3">应急医疗箱</td><td></td></tr>
</table>

2. 安装步骤

（1）安装机臂，先检查机臂的编号与机身编号一致（图 4.1.1）。

（2）根据编号将机臂安装在对应机身，插入时平行于机臂方向用力，不可上下摆动以免损坏金属齿（图 4.1.2）。

（3）拧紧定位器至最后螺纹，拧不动即可（图 4.1.3）。

（4）检查螺旋桨固定螺丝是否牢固，并在起飞前将螺旋桨展开（图 4.1.4）。

图 4.1.1　机身和机臂编号

图 4.1.2　机臂与机身连接

图 4.1.3　拧紧定位器

图 4.1.4　检查固定螺丝并展开螺旋

（5）遥控器开机，短按再长按直到所有灯都亮。此时遥控器未收到信号，为红灯长亮（图 4.1.5）。

（6）将两块电池放入机身。依次将插头插上（无顺序要求），确保插头插入完全（图 4.1.6）。

（7）此时遥控器收到信号，绿灯长亮（图 4.1.7）。

3. 操作与安全

（1）遥控器天线位置如图 4.1.8 所示。

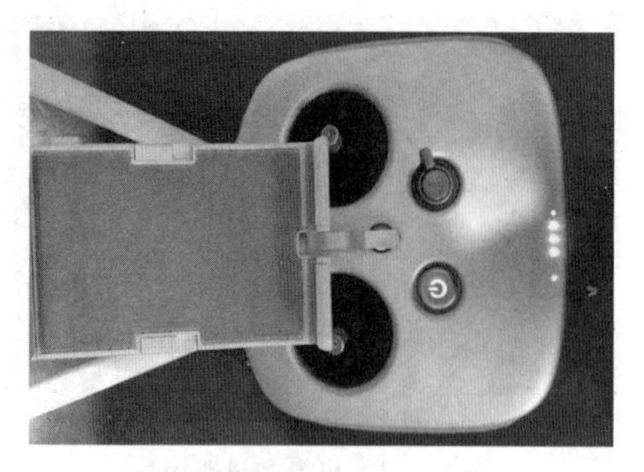

图 4.1.5　遥控器未收到信号

图 4.1.6　机身装入电池

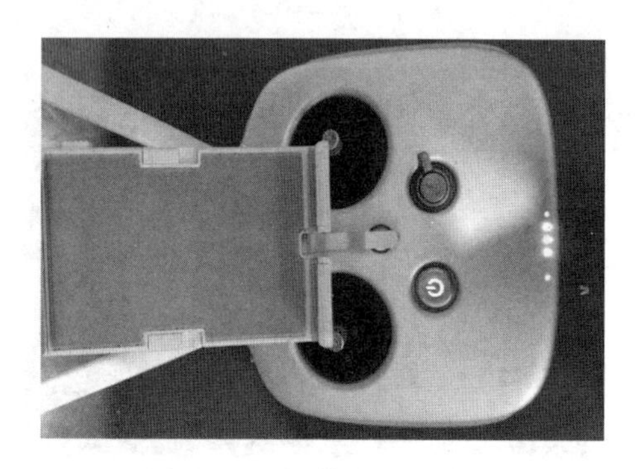

图 4.1.7　遥控器收到信号

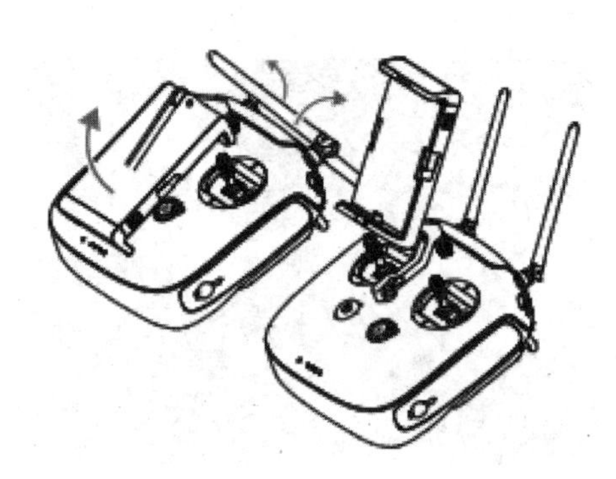

图 4.1.8　遥控器天线位置

（2）遥控器控制逻辑（以美国手为例）如图 4.1.9 所示。

遥控器（美国手）	飞　行　器	控　制　方　式
	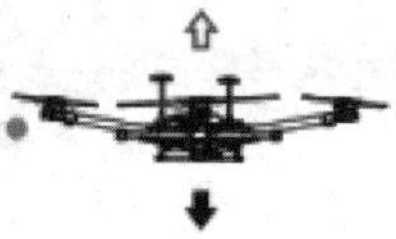	油门摇杆用于控制飞行器升降。往上推杆，飞行器升高。往下拉杆，飞行器降低。中位时飞行器的高度保持不变（自动定高）。飞行器起飞时，必须将油门杆往上推过中位，飞行器才能离地起飞
	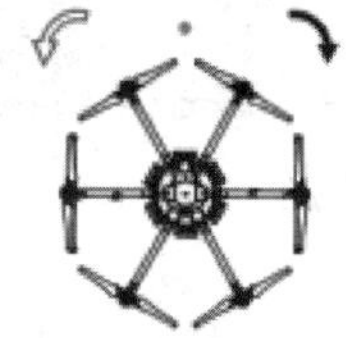	偏航杆用于控制飞行器航向。 往左打杆，飞行器逆时针旋转。往右打杆，飞行器顺时针旋转。中位时旋转的角速度，杆量越大，旋转的角速度越大
		俯仰杆用于控制飞行器的前后飞行。 往上推杆，飞行器向前倾斜，并向前飞行。 往下推杆，飞行器向后倾斜，并向后飞行。 中位时飞行器的前后方向保持水平。 摇杆杆量对应飞行器前后倾斜的角度，杆量越大，倾斜的角度越大，飞行的速度也越快

图 4.1.9（一）　遥控器控制逻辑（以美国手为例）

遥控器（美国手）	飞　行　器	控　制　方　式
		横滚杆用于控制飞行器的左右飞行。 往左推杆，飞行器向左倾斜，并向左飞行。 往右推杆，飞行器向右倾斜，并向右飞行。 中位时飞行器的前后方向保持水平。 摇杆杆量对应飞行器前后倾斜的角度，杆量越大，倾斜的角度越大，飞行的速度也越快

图 4.1.9（二）　遥控器控制逻辑（以美国手为例）

（3）指南针校准。

1）需要重新校准的情况：①指南针数据异常，飞行器状态指示灯显示红黄灯交替闪烁；②飞行场地与上一次指南针校准的场地相距较远；③飞行器机械结构有变化；④飞行时漂移比较严重，或者不能直线飞行。

2）校准步骤：①请选择空阔场地，根据下面的步骤校准指南针；②进入 DJI GO APP“相机”界面，单击上方的飞行器状态提示栏，选择“指南针校准”；飞行器状态指示灯黄灯常亮代表指南针校准程序启动；③水平旋转飞行器 360°（图 4.1.10），飞行器状态指示灯常亮；④使飞行器机头朝下，水平旋转 360°（图 4.1.11）；⑤完成校准。若飞行器状态指示灯显示红灯闪烁，表示校准失败，请重新校准指南针。

图 4.1.10　水平旋转飞行器 360°

图 4.1.11　机头朝下水平旋转 360°

（4）检查飞行设置里面的“动力配置”与“感度”。核对参数与图 4.1.12 显示的参数是否一致。

（5）起飞状态检查。查看右上角飞行器的飞行状态，依次为飞行模式、搜星状态遥控器信号质量、图传信号质量、电池电压值。等待左上角出现“起飞准备完毕（GPS）”（图 4.1.13）即可起飞。

每次飞行前，请务必检查各零部件是否完好，如有部件老化或损坏，请更换后再飞行，确保螺旋桨安装正确和稳固，确保所有线材连接正确并紧固可靠。飞行时请远离不安全因素，如障碍物、人群、儿童、建筑物、高压线、树木遮挡、水面等。起飞前务必检查电池电量，务必在安全起飞重量下起飞，以免发生危险。切勿贴近或接触旋转中的电机或螺旋桨，避免被旋转中的螺旋桨割伤。非工作状态或运输时，建议移除电池和相机，避免过重损坏起落架和云台。

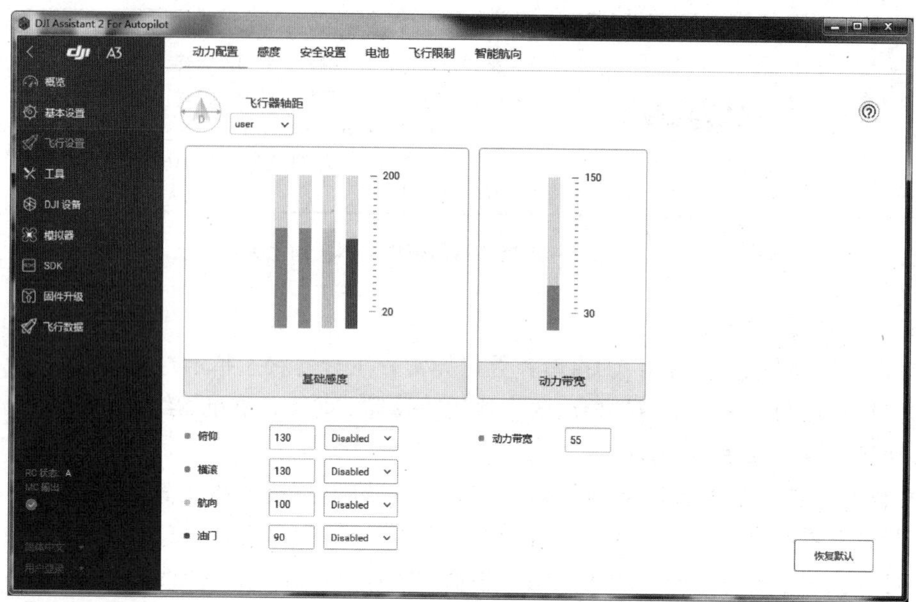

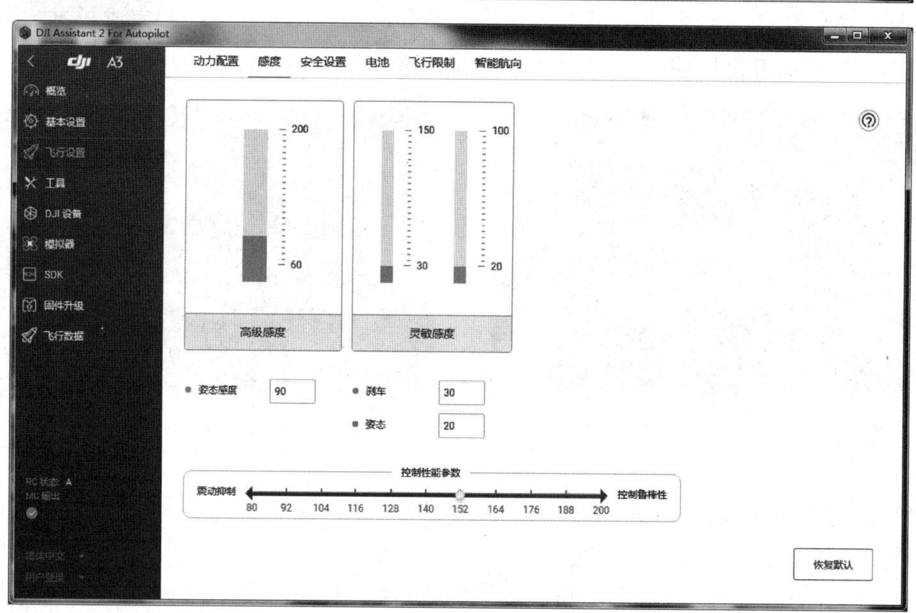

图 4.1.12　参数检查

（6）倾斜摄影简介。

1）基本原理与应用。倾斜摄影是指由一定倾斜角的航摄像机所获取的影像，从多个侧面获取建筑物表面影像，已知摄像机的位置内外方位元素，根据后方交会的原理，结算被摄物体的空间位置，基于此，实现三维建模。倾斜摄影一般从五个方向获取数据即：垂直正射、前后左右四个方向的倾斜（一般 45°角）。相机内方位元素包括焦距、像主点的位置，外方位元素包括相机的空间位置及姿态信息。后方交会为三角测量的基本方法。航

图 4.1.13　“起飞准备完毕（GPS）”

空倾斜影像不仅能够真实地反应地物情况，而且还通过采用先进的定位技术，嵌入精确的地理信息、更丰富的影像信息、更高级的用户体验，极大地扩展了遥感影像的应用领域。该技术可广泛应用于应急指挥、国土安全、城市管理、宅基地规划设计、古建筑精细建模、水利三维、建筑工程、水利预演、不动产登记、电力三维、前期选址，后期建设、景区三维建设、宣传展示等。

2）倾斜摄影技术基本概述。倾斜摄影技术是基于无人机、无镜头技术发展起来的一项测绘行业高新技术。它改变了以往航空摄影测量只能使用单一相机从垂直角度拍摄地物的局限，通过在同一飞行平台上搭载多台传感器，同时从垂直、侧视和前后视等不同角度采集影像，获取地面物体更为完整准确的信息。以倾斜摄影技术来获取影像数据作为素材，进行人工或自动化加工处理后得到的三维模型数据的过程，称为倾斜摄影建模，得到的三维模型，称为倾斜摄影模型。倾斜摄影摄取范围如图 4.1.14 所示。

图 4.1.14　倾斜摄影摄取范围

具体实施过程大概是通过在同一飞行平台上搭载多台传感器（目前常用的是五镜头相机）。同时从垂直、倾斜等不同角度采集影像，获取地面物体更为完整准确的信息。垂直地面角度拍摄获取的是垂直向下的一组影像，称为正片，镜头朝向与地面成一定夹角拍摄获取的四组影像分别指向东南西北，称为斜片。

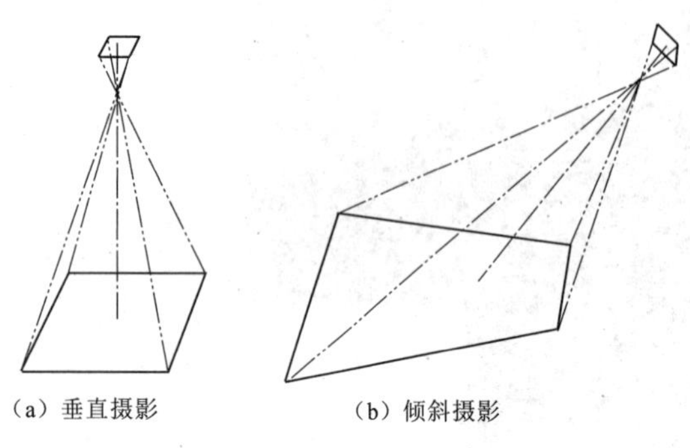

图 4.1.15　垂直摄影与倾斜摄影

在建立建筑物表面模型的过程中，图4.1.15可以看到，相比垂直影像，倾斜影像有着显著的优点，因为它能提供更好的视角去观察建筑物侧面，这一特点正好满足了建筑物表面纹理生成的需要。同一区域拍摄的垂直影像可被用来生成三维城市模型或是对生成的三维城市模型的改善。

利用建模软件将照片建模，这里的照片不仅仅是通过无人机航拍的倾斜摄影数据，还可以是单反甚至是手机以一定重叠度环拍而来的，这些照片导入到建模软件中，通过计算机图形计算，结合POS信息空三处理，生成点云，点云构成格网，格网结合照片生成赋有纹理的三维模型。区域整体三维建模方法生产路线如图4.1.16所示。

3）后期软件处理。利用照片进行三维重建是倾斜摄影中至关重要的一步。空三的优化模式是基于空间直角坐标系的优化方式，它的优势在于不依赖于POS的优化，纯依赖于控制点的拉动来完成绝对定向；这种优化模式无需椭球投影定义，因此对项目、POS、控制点的椭球投影的一致性无太高的要求，但严格意义上来讲虽然符合数学模型精度。但局限在于测区覆盖范围很大时，会加大绝对定向的精度控制难度，对于控制的依赖比较高，需要较多/密的控制点才能保证绝对定向精度。

街景工厂的优化模式是基于地心系的空三优化方式，基于地心系的优化模式，是把整个空三模型都放到基于地心的空间坐标系来进行优化，需要有椭球投影定义，依赖初始POS和控制点来完成绝对定向。

当然在地心系中完成优化，需要椭球投影定义，其中需要项目定义投影与POS保持一致，而项目椭球定义与最终成果也就是控制点保持一致。可无缝拟合空三像方与物方反算的整个过程，无缝拟合大地椭球面，不存在精度丢失的情况。

数据处理的流程分为以下几个步骤：①数据采集获取；②数据预处理，POS解算整理、影像检查、影像调整；③内业数据生产，相对定向；④外业数据生产，绝对定向；⑤内业数据生产，空中三角测量（AT）、三维模型重建（图4.1.17）、三维产品提交。

传统的三维建模方式以人工建模为主。人工建模虽然具备效果绚丽、不受时空限制等优点，但其投入巨大、费时费力、无法全面真实反映现实世界、且精度难以保证等缺点，成为三维GIS进一步发展应用的瓶颈。基于倾斜摄影获取的影像数据，可通过专业的自动化建模软件生产三维模型。自动化建模工艺流程一般会经过多视角影像的几何校正、联合平差等处理流程，运算生成基于影像的超高密度点云，点云经过抽稀后构建三角面片的模型骨架，再自动贴合拍摄的倾斜影像，由此生成高精度和高分辨率的三维模型。

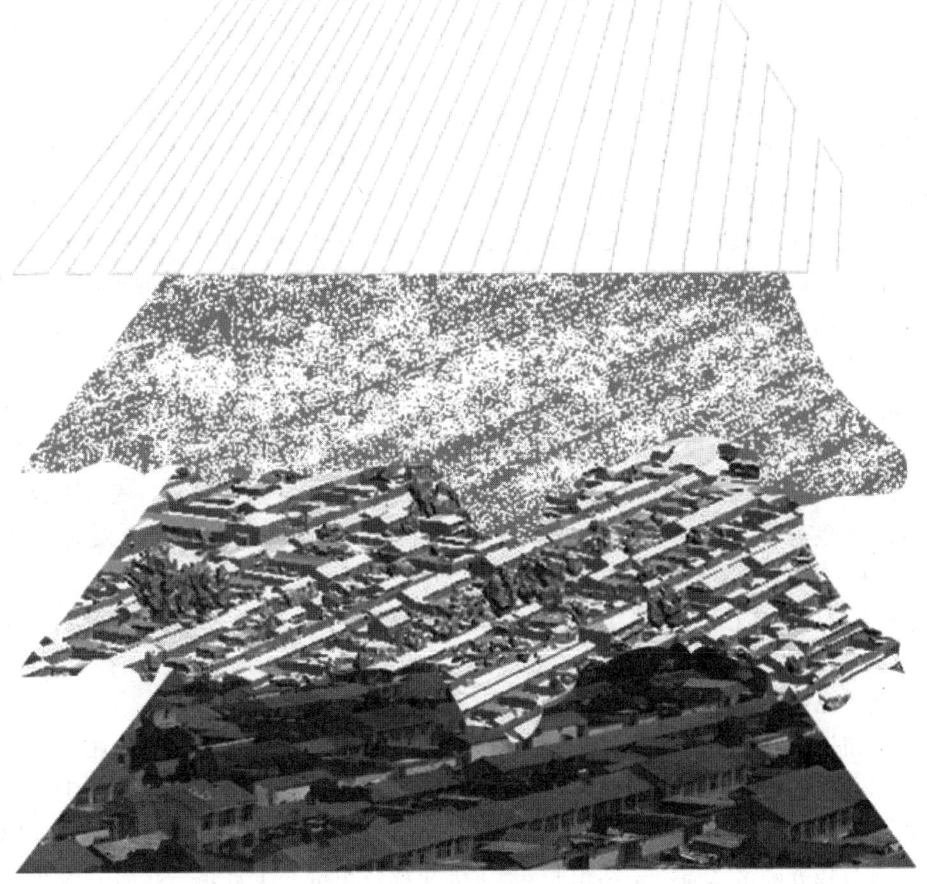

图 4.1.16　区域整体三维建模方法生产路线图

图 4.1.17　三维模型

倾斜摄影建模由于通过飞行器采集倾斜影像，通过软件计算自动生成模型，极大减少了人工的投入，成本大大降低，大致为人工建模的 1/3 左右。

由于航摄时可搭载高精度的定位设备，以及通过地面控制点的辅助，目前市面精度较好的相机水平平面精度可控制在 2～5cm 之内，达到大比例尺地图的精度要求。对比人工建模依赖底图的平面精度和人工判断误差高达数米的高程精度，具备明显的优势。倾斜摄影建模由于是在航拍影像的基础上，通过计算机自动构建的，不会存在人工建模时人为的选择性构建和修饰过程，可以还原真实世界的完整面貌，实现全要素覆盖的三维建模。

综上所述，倾斜摄影自动化建模由于其技术机制，对比传统的人工建模方式，具备高效率、高精度、高真实感、低成本“三高一低”优势，将极大改变三维地理信息应用的现状，构筑出广阔的应用新前景。

（7）相机操作说明。

1）相机参数与连接。相机详细参数如图 4.1.18 所示。五相机供电控制模块 xt30 供电插头可以通过飞行器电源提供，支持 3～8s（12～30V）供电接入。相机拍照控制支持 PWM、高电平和低电平三种任意一种触发方式。快门 PWM 控制调参。通过飞控调参将快门 PWM 触发脉宽设置为 2000μs、默认脉宽 1000μs、频率 50Hz 和激发态保持时间 800ms。相机正确连接关系如图 4.1.19 所示。

2）开机测试。连接 GPS 模块（需在室外空旷无遮挡的地方），将快门线接入 POS 模块正面指示灯左侧 3pin 接口，打开无人机电源，五相机通电，打开红色相机 POS 模块开关按钮（图 4.1.20）。

打开相机 POS 模块开关按钮后，观察显示屏，待搜索完成之后会自检拍照 2 次，此时 5 个指示灯会同步亮并听到快门声响，若一切正常即可起飞作业。建议每次起飞之前至少手动试拍 3～5 张：检测相机是否正常工作，地面照片亦可用来区分航飞架次间隔。待飞机完成飞行任务降落之后，手动拍照 3～5 次并观察相机 5 个灯是否正常，若正常即可关闭相机电源后再关闭飞机电源，若不正常请及时与原厂技术人员联系。无人机照片如图 4.1.21 所示。

基础参数	单镜头/总像素	2430万/1.2亿
	传感器尺寸	23.5mm×15.6mm(APS-C)
	图像分辨率	6000×4000px
	像元尺寸	3.92μm
	曝光间隔	＞0.8s
	快门触发方式	PWM、高低电平
	PPK扩展接口	支持
	镜头焦距	25mm＋35mm
	供电	DC12~30V
	预留接口	12V/3A输出
	图传输出	HDMI高清图传
	尺寸（长×宽×高）/mm	145×145×93
	相机重量	650g
	支持挂载平台	多旋翼/固定翼
	存储空间	标配640GB
智能硬件	开机自检	自动
	一键修复报错	支持
	POS记录方式	相机自带POS记录功能
	POS导出方式	内存卡导出TXT文档
	照片导出速度	300MB/s左右
	定时/定距触发	支持
保障服务	备用机服务	免费支持
	售后质保	1年

图 4.1.18　相机详细参数

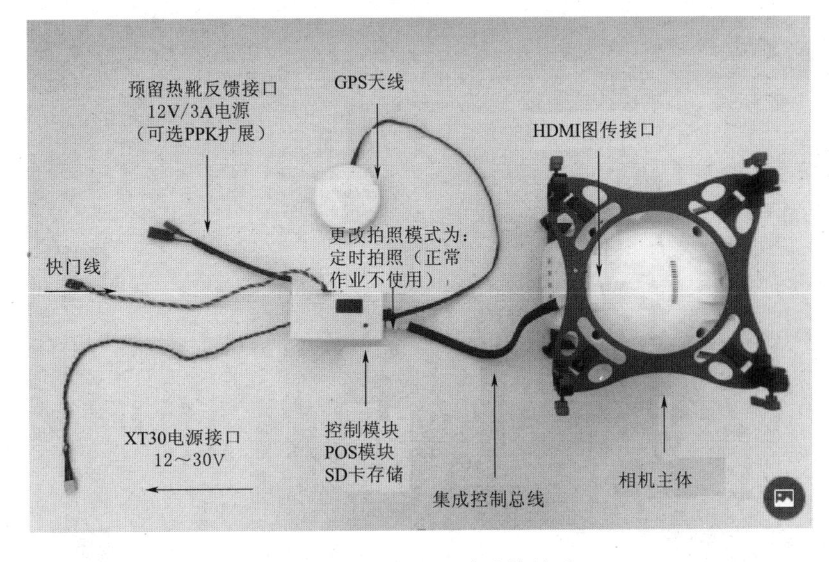

图 4.1.19　相机正确连接关系

图 4.1.20　相机 POS 模块开关按钮

图 4.1.21　无人机照片

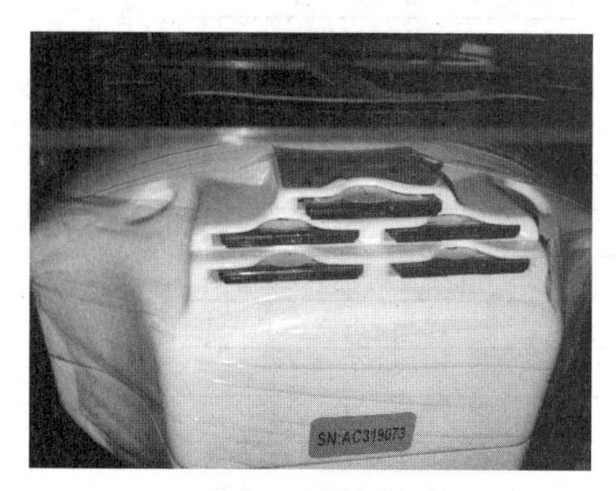

图 4.1.22　无人机机身卡槽

注意事项：POS 模块面板上的按键请勿在开机时按压，此键是改成定时拍照的功能，有需要时请与技术人员联系。（正常作业均为定距拍照，无需使用此按键，用户无需按压。）

3）参数导出。相机参数与航线规划在下节“测绘航线任务规划”里会详细讲解，成功规划航线后，需进行照片与参数导出。可配合六合一高速读卡器，导出速度可达 300MB/s，新建 5 个文件夹分别将内存卡内照片按照镜头编号导入到相应文件夹（内存卡上有编号，插卡回相机时按照壳体标号插入）。无人机机身卡槽如图 4.1.22 所示。内存卡原始照片导出如图 4.1.23 所示。

图 4.1.23　内存卡原始照片导出

POS 数据导出，找到对应飞行时间的 POS 数据，导出查看 POS 触发数量与照片数量是否一致。确认正常后进行建文件夹保存处理。检查照片数量如图 4.1.24 所示。

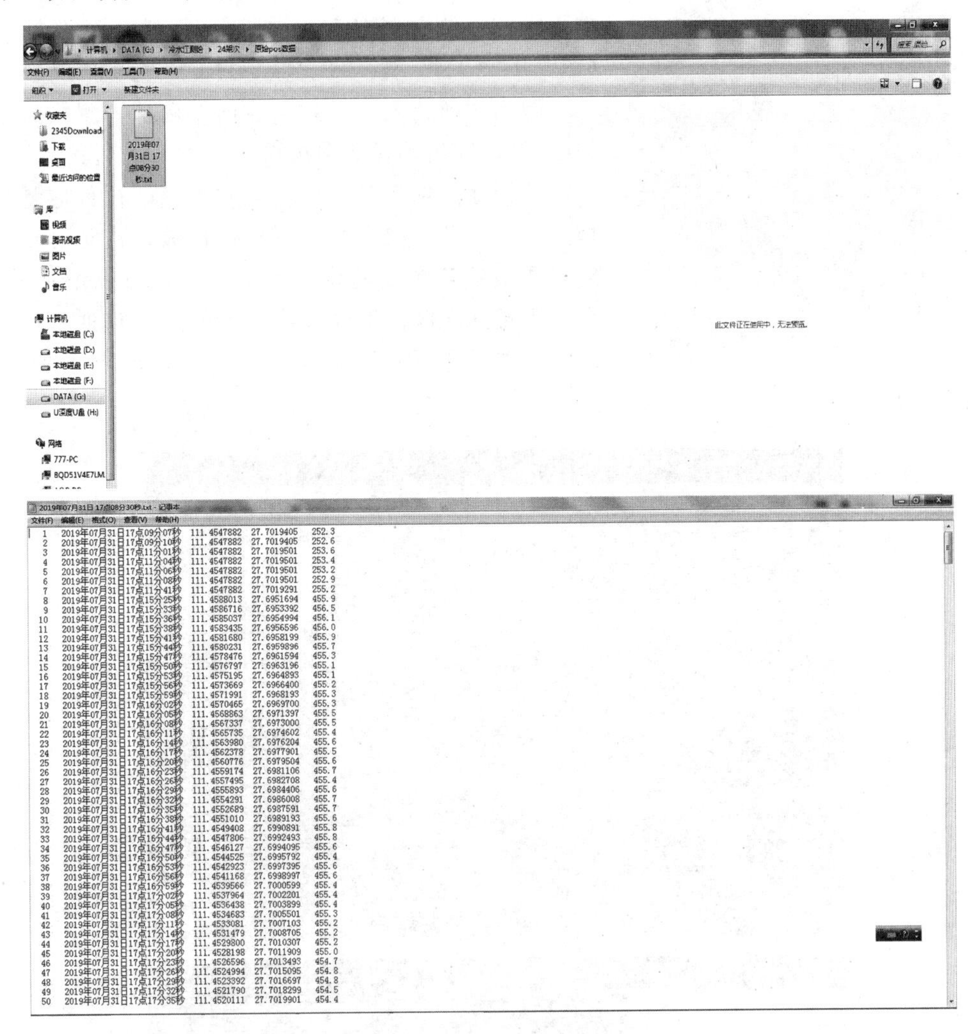

图 4.1.24 检查照片数量

4）数据整理。删除地面废片和对应 POS，将有效照片和 POS 文档整理完成后即可交给 smart 3D 建模，依据项目要求批量重命名照片。

5）特殊情况相机设置。新卡或格式化的卡自动建立所需文件夹：建影像空间功能把新卡（格式化的卡）插相机里，开机，灯闪烁以后按两次快门（此时灯不会亮也不会拍照），用工具按一下相机上的小孔按键，灯会亮一次，然后再按一次又闪一次，之后就可以拍照正常使用了，这个过程尽量在 15s 之内完成。（每次导完数据直接删除照片，不要格式化，时间久了格式化一次，例如 20 个架次。）

相机不拍照修复报错：开机之后按两次快门，有相机拍照灯亮，有相机不拍照灯不亮，用工具按两次小孔按键，此时不拍照的相机灯会常亮修复数据，等待灯灭之后按快门拍照，五个相机正常工作。一键修复报错按钮如图 4.1.25 所示。（出现有相机不拍照的情

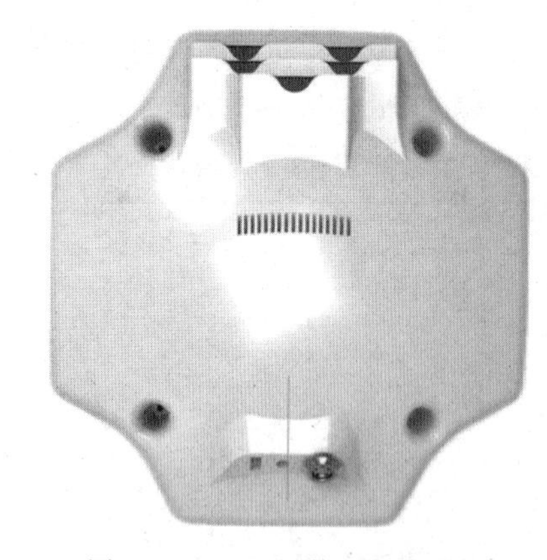

图 4.1.25　一键修复报错按钮

况后，不要更换内存卡，再进行修复。）

6）测绘任务航线规划。点击屏幕左侧隐藏任务框，点左下侧任务栏蓝色加号，新建一个巡检任务（图 4.1.26）。

弹出“新建飞行任务”界面，选择“测绘航拍区域模式”，随后选择地图选点（图 4.1.27）。

选择地图选点后，进入到主界面，在目标测绘区域点一下自动生成一个方形航测区域，这时可以拖动航点调整任意想要的位置和大小。也可以增加航点，规划不规则测区。拖动航线后航线上出现加号，拖动航线上加号即可添加航点，并拖动位置。确认测绘区域如图 4.1.28 所示。

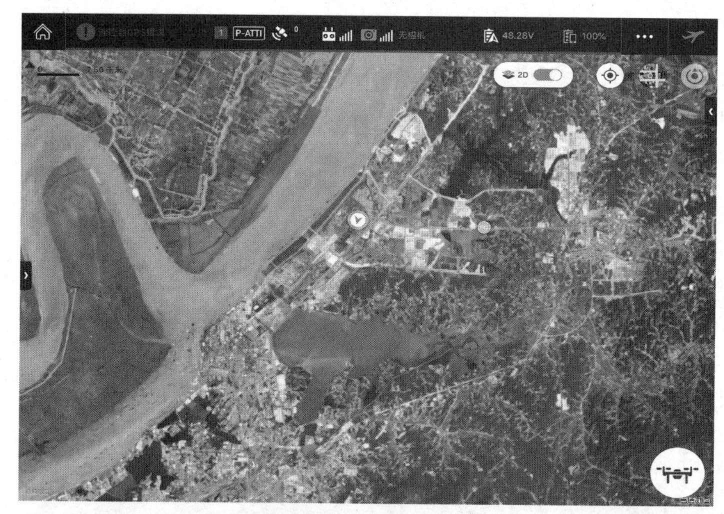

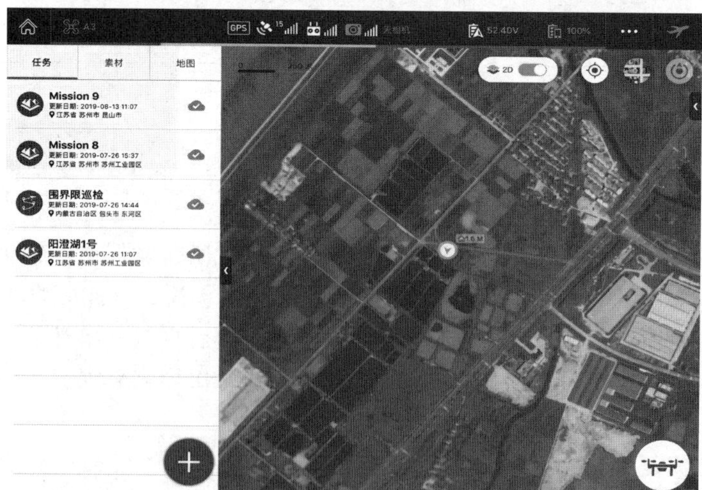

图 4.1.26　新建巡检任务

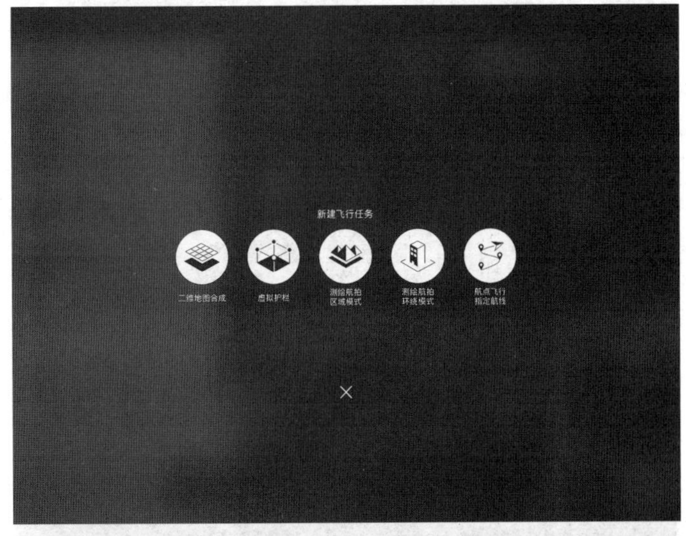

图 4.1.27　地图选点

测绘区域确认后，选择相机型号，首次需添加相机型号，具体相机参数如图 4.1.29 所示，将参数输入，点击添加相机，并在相机型号中选择该相机。相机朝向选择沿航线方向、拍照模式选择等距间隔拍照、航线模式选择扫描模式。拖动飞行高度和分辨率下方滚动条，设置正确分辨率。飞行器会自行根据相机参数计算所需飞行高度和速度。

完成绘制航线。点击高级设置，设置主航线上图像重复率和主航线间图像重复率为 85%，根据风向和测区形状，通过主航线角度调整飞行角度。边距保持 0m，云台俯仰角度不修改。设置图像重复率如图 4.1.30 所示。

任务完成选项请选择返航，并设置返航高度，根据测区实际地理情况，设置高于地面高程及建筑物的返航高度，并留有不低于 20m 余量的安全高度。设置返航高度如图 4.1.31 所示。

图 4.1.28　确认测绘区域

图 4.1.29　选择相机型号

图 4.1.30　设置图像重复率

(8) 飞行项目实施。航线规划完成，要注意 GSP 界面：飞行模式为 GPS 辅助模式；卫星数量请保证大于 6 颗以上；通信信号良好无干扰；界面没有红色警告提示。

打开规划好的航线项目，点右上角飞行图标，弹出界面提示上传任务，（如有相机未连接异常，正常现象）上传任务成功，点确定。飞行器自动起飞，自动飞行到第一个航点的高度，然后平飞到第一个航点开始执行任务。请注意屏幕左下侧的飞行状态界面，飞行航高、速度等信息。飞行完成 GSP 界面提示任务完成，飞行器自动返航，返航时请注意飞行器的航高，降落地点是否有人群车辆等障碍物。完成任务后GSP会自动收起飞行器的飞行状态，请点屏幕右下侧的无人机图标可以打开飞行状态界面。飞行器在自动降落时比较慢，请保持耐心，尽量不要手动去调整降落速度。

图4.1.31　设置返航高度

4.1.2　水下机器人

1. 水下机器人

(1) 水下机器人概述。如图4.1.32所示，有缆遥控水下机器人（简称ROV）主要包括机器人本体、地面操作终端、线缆盘和无线传输装置等4个部分。水下机器人（简称ROV）可用于水域应急救援、水下设施检查、水下环境探索、水下危险区域调查等领域。也可加装小型水下机械手，进行简单的打捞作业。

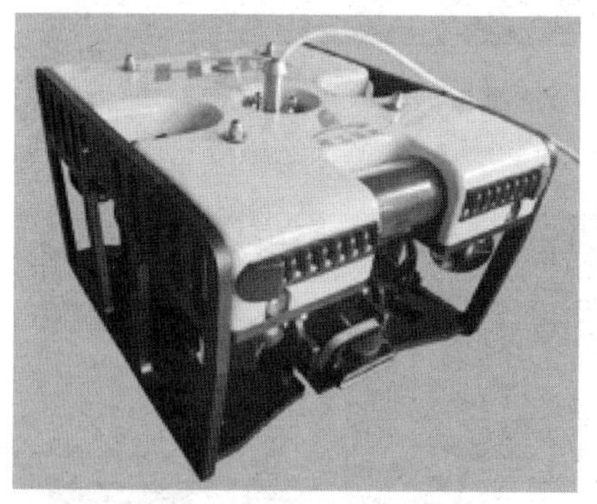
(a) 水下机器人主体

(b) 地面操作终端

(c) 线缆盘

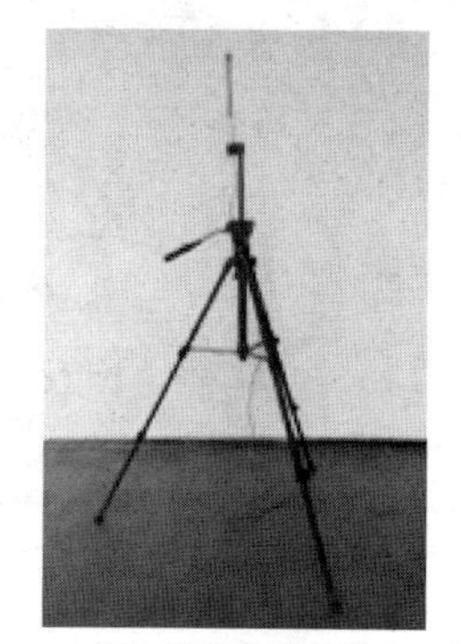
(d) 无线传输装置

图4.1.32　水下机器人组成

1) 有缆遥控水下机器人。

a. 水下机器人主体结构。本体由结构框架、浮力装置、推进系统、图像系统、控制系统、前视声呐和照明系统组成，如图4.1.33所示。

结构框架采用高分子材料框架结构，具有耐腐蚀、质量轻、强度高等特点，主要用于

承载和保护其他系统。

浮力装置采用整体低密度浮力材，置于本体上部，保证潜行器整体具有足够的浮力和良好的静稳定性。

推进系统由 6 台推进器构成。其中 2 台垂直布置，用于推动机器人升降；4 台水平布置，用于前、后、侧移推进及回转。每台推进器由水下电机、导流管和螺旋桨组成。

图像系统为高清水下摄像机，带有云台，布置在本体前端，用于观察水下环境和拍摄目标。

控制系统布置在密封舱内，包含各个控制模块：电源降压模块、电力载波模块、电源管理模块、运动控制板、核心处理器。电源降压模块降低外部供电电压，使其满足各部件使用要求。电力载波模块将数据转换为电力信号，可实现 300m 距离的通信。电源管理模块将电力合理分配给各部件。运动控制板控制各个推进器的转动，为机器人产生各向运动推力，同时集成了陀螺仪和水深传感器。照明系统为大功率 LED 照明灯组成，用于为机器人水下作业提供光源。

b. 布放回收装置。选用不锈钢作为布放回收结构的主体材料，外形结构如图 4.1.34 所示。

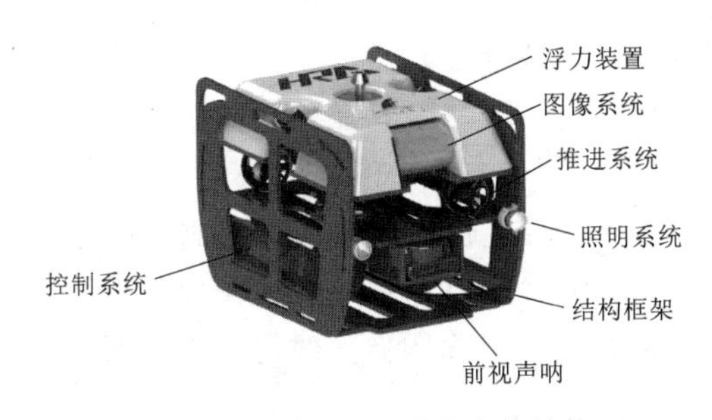

图 4.1.33　水下机器人主体结构

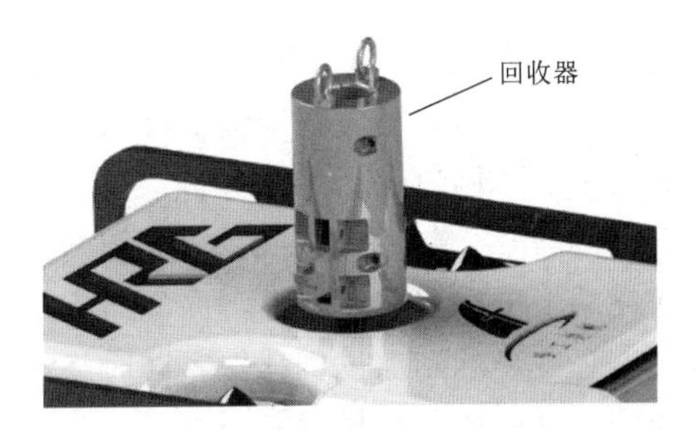

图 4.1.34　布放回收结构

布放：将脐带缆放入回收头中，手动将两拉簧自由端与回收头两侧的锁栓块固定，然后沿蘑菇头轴向将回收头插入，待锁栓块卡在蘑菇头台阶下方后，通过回收头上方吊环起吊，起吊到一定高度时，此时吊车上的钢丝绳处于绷紧状态，并确保钢丝绳后续在起吊过程中不会发生松动，此时可将回收头两侧锁栓块上的拉簧取下，使拉簧一端处于自由状态。将 ROV 放入水中后，继续释放吊车上的钢丝绳，此时紧绷的钢丝绳处于松弛状态，当回收头下表面与蘑菇头底部圆盘上表面接触时，提起回收头，即可完成布放。对接方式如图 4.1.35。

回收时手动将两拉簧自由端分别与两侧的锁栓块固定，将脐带缆放入回收头中，回收头顺着脐带缆下放，直到锁栓块卡在蘑菇头台阶下方，通过回收头上方吊环，将 ROV 吊起，对接效果如图 4.1.36 所示。

2）线缆盘。线缆盘提供脐带缆，地面操作终端与机器人本体之间通过脐带缆连接，以保证水面控制系统与潜水器之间的电信号与动力电的传输。

脐带缆采用凯夫拉材料制成，具有较高抗拉强度，在水中保持中性浮动状态。外护套采用黄色聚氨酯橡胶，具有良好的防水和防腐蚀性能。

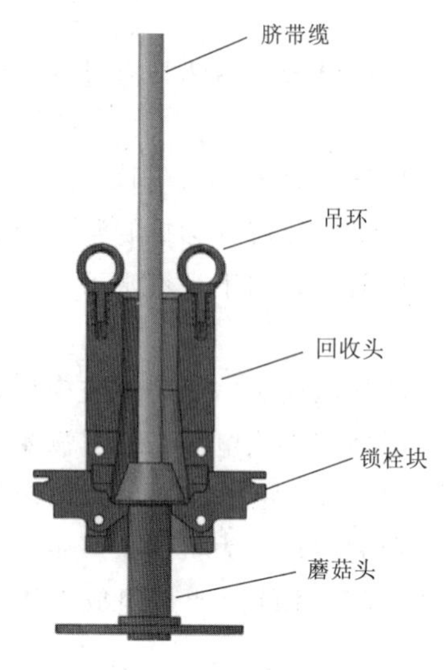

图 4.1.35 对接方式

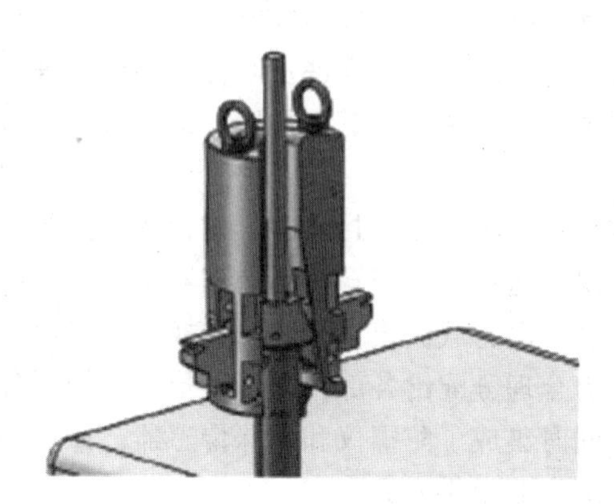

图 4.1.36 对接效果

缆盘内集成变压模块，可实现将 220V 交流电整流升压为 300V 直流电供水下机器人使用。内置大电流导电滑环，保证线缆盘连续旋转也能正常工作。

机器人工作时需先将线缆盘接口接入 220V 交流电，网口用网线接到操作终端上面板右侧的第二个网口上。

3）操作终端。终端由供电单元、控制主机、显示器、通讯适配器等组成。用户通过操作终端上的按钮、遥控杆，向机器人本体发送控制指令，同时接收本体图像信号及其他数据信息并显示到上位机软件，同时终端还能将桌面显示界面图像实时通过无线网络推流到校园内网服务器端显示。

终端操作面板上最右侧有两个网口，最上面的网口具有 POE 供电能力，接到网桥的 POE 接口上，第二个网口是普通的通讯网口接到水下机器人的线缆盘上的网口上。

4）无线传输装置。无线传输装置主要由终端、网桥、天线以及固定支架等组成，如图 4.1.37 所示。网桥和天线固定在固定支架上，网桥和终端之间通过网线连接，网桥的供电方式为 POE 供电。水下机器人系统中操作终端所监测的信息通过无线通信的方式发送到中心基站。

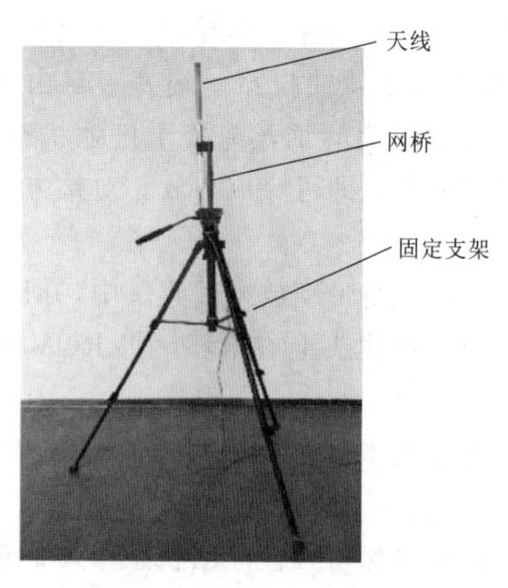

图 4.1.37 无线传输装置

（2）技术参数。

1）水下机器人本体。配脐带缆：缆长 100m；岸基电源：输入 220VAC，输出 300VDC，0～10A；最大工作潜深：200m；标准尺寸：600mm×550mm×370mm；重量：32kg，可增减；推进器：数量 6 台，单个推力 5kgf；云台：数量 1 个，俯仰角±45°；集成深度仪 B30，最大压力 50Bar（500m）；复合芯片 MPU9250（含 9 轴加速度计和 3 轴陀螺仪和 2 轴磁

力计），数字输出 I2C（400kHz）或 SPI（1MHz）；具备集成图像声呐、水下摄像机能力；本体控制系统软硬件开源；机器人本体具备定深悬停和定向前进功能。

2）操作终端。可向综合管理平台实时上传水下机器人状态信息和所采集的视频及其他数据；材质：聚丙烯复合材料；防护等级：合盖 IP65；重量：9.8kg；主板：研华工业级主板；硬盘：固态硬盘 128GB＋机械硬盘 1TB；显示屏：15.6 寸高亮显示屏和 12.1 寸高亮显示屏；分辨率：1920×1080px 和 1280×800px；续航时间：≥5h；软件运行于 Windows 系统，包含机器人操作和配置、状态显示、视频图像显示等功能；可实时显示水下机器人本体 3D 模拟姿态。

3）线缆盘。接口：1 个 AC220V 电源输入口，1 个网口，1 个 4 芯水密连接母头；输入电压：AC220V，50Hz 输出电压：电源线 DC300V，信号线电压：0～12V；开关：1 个电力载波供电控制按钮开关，一个输出电压控制空气开关；功能：将 AC220V 转换为 DC300V，并内置电力载波模块和机器人通信。

（3）操作步骤。

1）首先将线缆盘的 AC220V 电源航插接口接上电源线的 2 芯航插，电源线的三脚插头插到电源插排上。

2）将线缆盘的脐带缆线水密接头插到水下机器人电源舱的四芯水密接头上，拧紧，检查电源舱和控制舱前后舱盖上的接头是否都连接正确，并拧紧牢固。注意：前置声呐要避免在空气中通电，下水后再给系统通电，如若在空气中测试系统，需要断开前置声呐的接头。

3）打开线缆盘侧面操作面板上的显示屏边上的按钮，显示线缆盘电量情况。

4）将地面操作终端打开通电，打开机器人桌面操作软件和声呐数据显示软件。

5）一切正常后将机器人吊放到水下，并将线缆盘侧面的电压输出开关拨到 ON 处，给机器人供电，这时能听到水下机器人中电调发出的上电“哔哔”声音，表明上电成功。

6）这时观察操作终端界面，通信连接成功后机器人上位机软件上就能显示摄像头图像和机器人姿态信息。

（4）操作软件。

1）软件功能概述。应用设置：应用设置可进行系统常规配置操作，主要包括通用设置和系统日志两部分内容。通用设置包括以下内容：单位设置、视频设置、视频录制设置、系统文件存储路径设置。系统日志包括：GStreamer 调试级别设置、日志打印设置。

机器人设置：机器人设置主要用于进行 ROV 本体相关设置，用户可根据实际需求，设置一个或者多个组件，主要包括 ROV 本体各个组件状态概述、固件版本信息、地面控制台设置、传感器设置、电池信息设置、推进器设置、安全性设置、相机设置、灯光设置，以及框架设置。

Home 页面：Home 页面主要用于视频显示、ROV 机器人位姿信息显示、机器人 3D 姿态显示，以及机器人各项指标参数值显示，ROV 机器人操纵者可以实时了解机器人当前航行情况。

控制系统信息：控制系统信息主要用于实时显示 PX4 板系统信息，包含提示、重要、错误等不同级别的日志打印。

电量状态：电量状态主要用于实时显示当前剩余电量百分比、电压值，用户可直观了解当前机器人电量情况。

地面工作站连接状态：手柄连接状态主要用于显示当前手柄连接情况。

ROV 机器人工作模式：ROV 机器人工作模式用于切换 ROV 工作模式，当前系统支持手动、稳态、定深三种模式。

ROV 机器人解锁状态：ROV 机器人解锁状态用于显示当前 ROV 本体解锁情况，用户可进行解锁和锁定操作。

2）界面展示。应用程序界面如图 4.1.38 所示。

图 4.1.38　应用程序界面

a. 通信连接。本小节主要介绍通信连接功能设置，主要用于设定新的航行器操作以及用于和系统中心的通信连接。本小节主要介绍和系统中心的连接设置。目前与系统中心的连接方式仅支持 UDP 连接。点击添加跳转至创建新的连接配置页面。连接配置页面如图 4.1.39 所示。

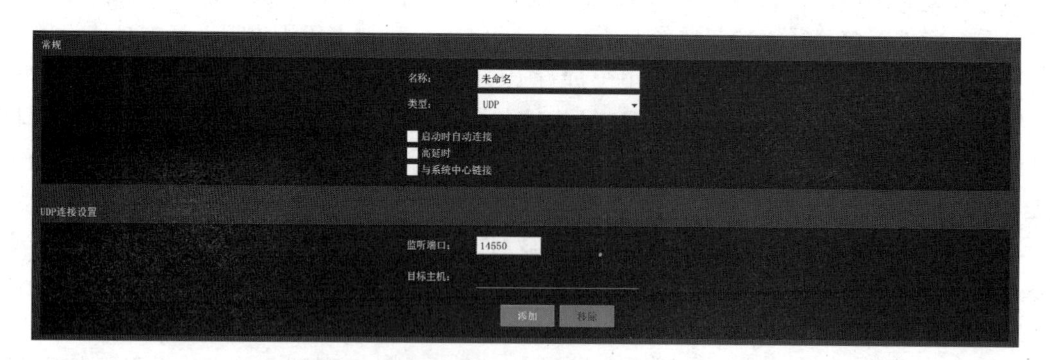

图 4.1.39　连接配置页面

用户可以进行名称、目标主机（IP 和端口，例：127.0.0.1：8080）、监听端口设置。为实现软件启动连接和系统中心连接需要勾选“启动时自动连接”与“与系统中心连接”。

b. 控制台。本小节主要介绍系统日志模块功能，主要用于实时显示系统运行产生日志，用户可根据需要灵活选择文件进行日志打印。系统日志和日志管理不同，系统日志通常是针对上层业务相关文件的日志打印，日志管理是针对控制板产生的日志进行记录，二者不可混淆。

保存系统日志：保存系统日志功能，主要用于保存系统日志操作，如系统出现故障，用户可携带系统日志文件，联系技术支持人员，申请技术支持。操作步骤如下：①在软件页面点击图标；②点击左侧“系统日志”-“保存系统日志”按钮，指定日志存储路径，即可完成日志保存。

日志打印设置：用户可根据实际需要，勾选需要打印日志的系统文件。系统出现故障，用户可携带系统日志文件，联系技术支持人员，申请技术支持。打印过多日志文件会导致系统日志打印量过多，不利于日志浏览和日志存储，因此，请慎重勾选待打印的日志文件。

3）Home 页面操作。

a. 3D 位姿显示操作指南如图 4.1.40 所示。

图 4.1.40　3D 位姿显示操作指南

操作步骤：

步骤 1　在软件页面点击图标。

步骤 2　通过操作手柄，控制 ROV 横向、向前、俯仰、油门，观察屏幕右下角 3D 模型姿态变化。

步骤 3　执行步骤 2 的同时，观察屏幕右上角的罗盘和陀螺仪参数值是否正确。

b. 系统参数显示操作指南如图 4.1.41 所示。

图 4.1.41　系统参数显示操作指南

操作步骤：

步骤 1　在软件页面点击图标。

步骤 2　点击陀螺仪和罗盘下方的图标。

步骤 3　勾选对话框中待显示的参数，点击“确定”按钮。

步骤 4　观察主界面显示的参数值是否跟 ROV 实际情况一致。

c. 视频流操作如图 4.1.42 所示。

图 4.1.42（一）　视频流操作

图 4.1.42（二） 视频流操作

操作步骤：

步骤 1 在软件页面点击图标。

步骤 2 点击陀螺仪和罗盘下方下拉箭头图标。

步骤 3 可开启、录制视频等操作。

2. 水下图像增强摄像机

水下图像增强摄像机搭载于水下机器人上，采用独立嵌入式 GPU 处理图像数据，有效增强浑浊水域图像质量，提高清晰度和可辨识性，使之满足水下观测和作业需要。可用于水下设施检测、海产养殖观察、水下目标搜寻等领域。

（1）技术参数。技术参数为：720P 高清水下摄像机；内置英伟达 TX2 处理器，实现浑水图像优化；通信接口为以太网；LED 照明阵列；配置参数调试软件，可手动调试最佳优化效果。

（2）设置和使用。视频预览：用户启动 UI 窗口时，自动打开视频显示窗口。点击和关闭预览按钮，即可进行视频预览和关闭。

视频录像：当用户点击 UI 视频显示的录像按钮图标时，自动显示此页面。本页面视频录制部分主要由视频格式设置组成；系统文件存储路径主要由存储路径设置组成。视频录制格式下拉框进行视频格式选择。点击存储路径，进行系统文件存储路径设置。

视频拍照：当用户点击拍照按钮时，自动显示此页面。本页面主要由视频抓拍功能组成。用户点击“拍照”按钮时，进行视频拍照。

视频存储：当用户点击存储按钮图时，自动显示此页面。本页面主要包含用户设置存储路径功能、视频存储功能。用户点击存储时，自动显示此页面。

算法参数设置：当用户点击参数设置按钮时，自动显示此页面。本页面主要包括自然光参数、透射率参数设置。用户通过点击参数设置按钮触发。浑水成像算法启动当摄像头接入正常，TX2启动即可自动触发算法进行视频处理。

3. 水下裂缝和冲蚀监测装置

本装置以前视声呐为主体，搭载于水下机器人上，主要用于坝体水下部分裂纹和冲蚀检测。本装置中的前视声呐是一款多波束声呐，通过一组发射器发射声波，接收器接收声脉冲的回波，数据经过运算，融合为包含扫描范围内各种实物的图片，该声呐是双频声呐，具有低频和高频两种模式，适合不同环境下使用。

(1) 技术资料。

1) 参数。

a. 机械参数见表4.1.2。

表4.1.2　　机械参数表

尺寸	125mm（长）×122mm（宽）×62mm（高）
材料	阳极氧化铝（可按需求改为钛合金）
重量	980g（空气中） 360g（水中）（可加浮材）
工作深度	300m
工作温度	－5～＋35℃（工作） －20～＋50℃（存储）

b. 电子参数见表4.1.3。

表4.1.3　　电子参数表

连接器	Impulse IE55－12串口，6针
通信	4芯100－BaseT以太网，2芯DSL扩展模块（触发器和RS－232可选）
供电电压	18～32V绝缘直流（12～32V非绝缘直流可选）
功率	10～35W（根据频率模式和量程）
集成传感器	水压、温度（用于声速计算）

c. 声学性能参数见表4.1.4。

表4.1.4　　声学性能参数表

型　号	M370s	M750d	M1200d
工作频率	单频375kHz	双频750kHz/1.2MHz	1.2MHz/2MHz
最大量程	200m	120m/40m	40m/10m
最小量程	0.2m	0.1m	0.1m
分辨率	8mm	4mm/2.5mm	2.5mm/2.5mm
最大更新率	40Hz	40Hz	40Hz
水平开角	130°	130°/80°	130°/80°
垂直开角	20°	20°/12°	20°/12°
最大波束数	256	512	512

续表

型　号	M370s	M750d	M1200d
角度分辨率	2°	1°/0.6°	0.6°/0.4°
波束间隔	0.5°	0.25°/0.16°	0.25°/0.16°

2）机械尺寸如图 4.1.43 所示。

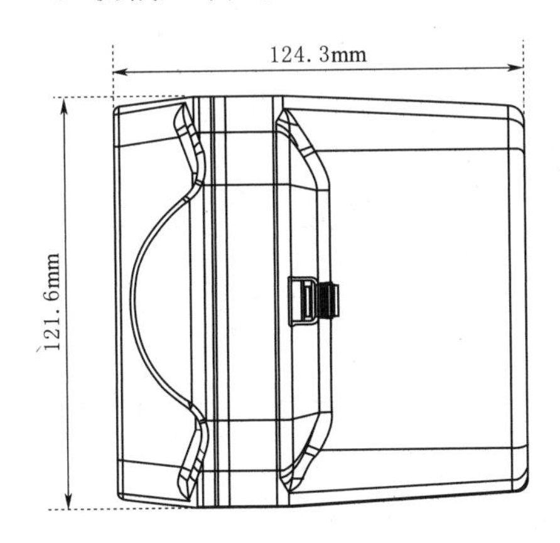

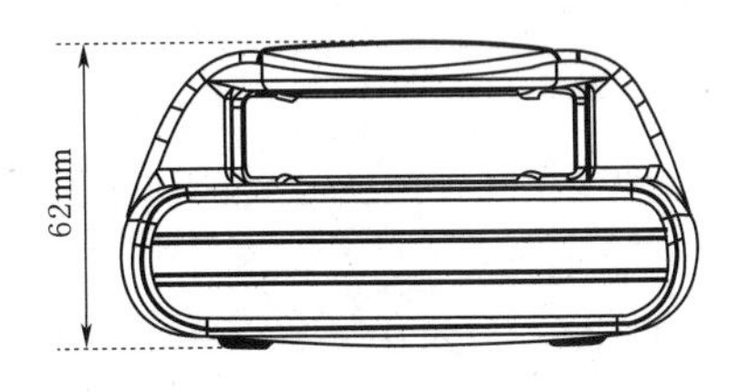

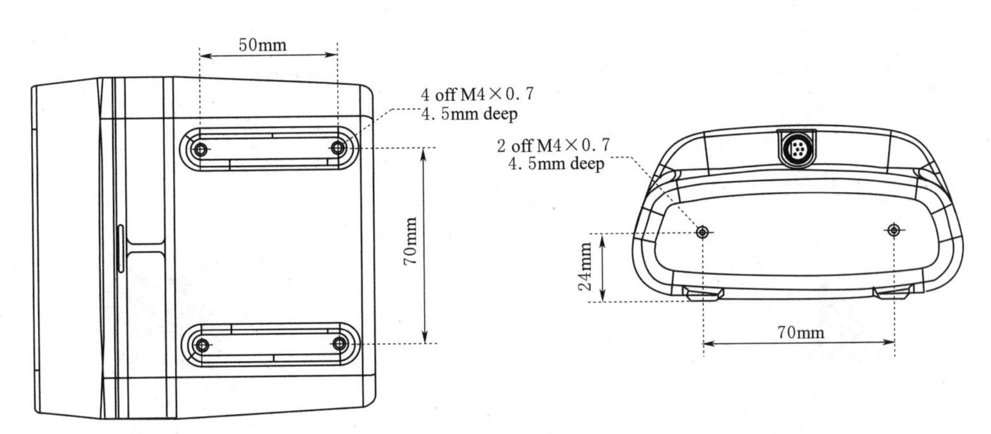

图 4.1.43　机械尺寸图

3）声呐连接器针脚如图 4.1.44 和表 4.1.5 所示。

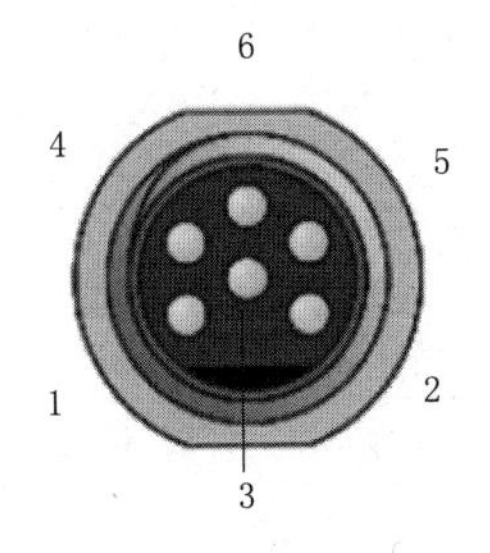

图 4.1.44　声呐连接器针脚

表 4.1.5　　声呐连接器针脚组成

针脚	信号	说　明
1	地线	电源接地
2	电源 IN＋	电源正极
3	以太网 TX－	100BaseT TX－，声呐发送数据
4	以太网 TX＋	100BaseT TX＋，声呐发送数据
5	以太网 RX－	100BaseT RX－，声呐接收数据
6	以太网 RX＋	100BaseT RX＋，声呐接收数据

4）声呐以太网线缆如图 4.1.45 和表 4.1.6 所示。6 路线缆组成见表 4.1.7 所示。

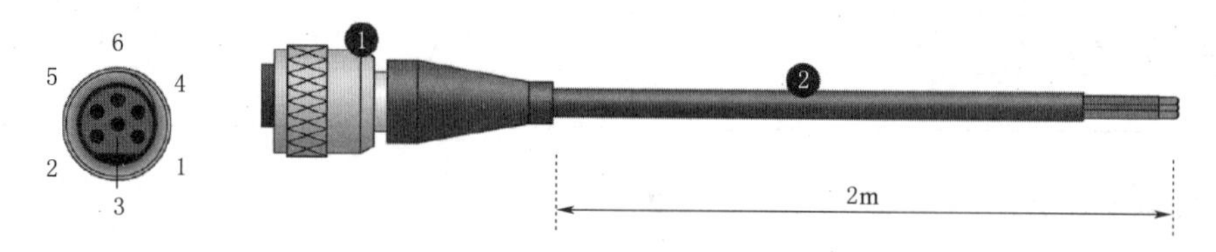

图 4.1.45 声呐以太网线缆

表 4.1.6 声呐以太网线缆组成

序号	数量	说　　明	零件编号
1	1 组	Impulse IE55－12 串口，轴向模块化插座	IE55－12－CCP/UT
2	2m	前视声呐聚氨酯外壳 6 路 6.5mm 线缆（2 根电源导线，2 对非屏蔽双绞线）	BP01151

表 4.1.7 6 路线缆组成

①针脚	信　号	②线缆颜色	①针脚	信　号	②线缆颜色
1	地线	黑	4	以太网 TX＋	蓝白
2	电源 IN＋	红	5	以太网 RX－	绿
3	以太网 TX－	蓝	6	以太网 RX＋	绿白

5）以太网甲板单元导线如图 4.1.46 和表 4.1.8 所示。

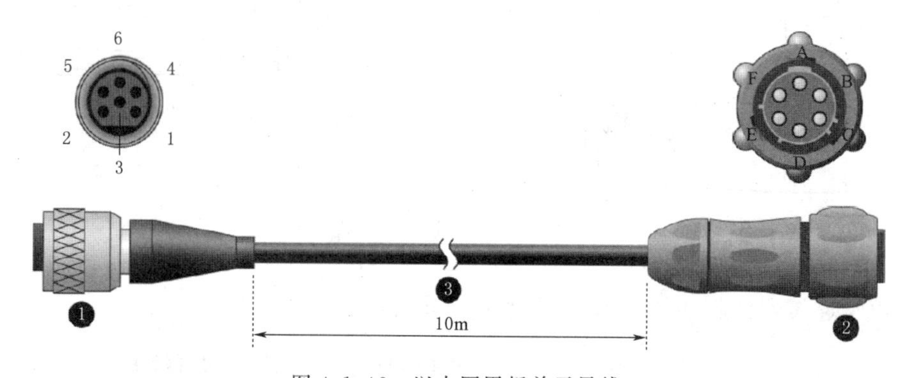

图 4.1.46 以太网甲板单元导线

表 4.1.8 以太网甲板单元导线组成

序号	数量	说　　明	零件编号
1	1 组	Impulse IE55－12 串口，轴向模块化插座	IE55－12－CCP/UT
2	1 组	法国苏里奥 UTS 6 路串口插头	针脚壳体：UTS6JC106P
3	10m	前视声呐聚氨酯外壳 6 路 6.5mm 线缆（2 根电源导线，2 对非屏蔽双绞线）	BP01151

4. 吊放缆车

图 4.1.47　吊放缆车

吊放缆车结合电动绞盘和旋转吊机的特点，可随意拆解、组装搭配，方便搬运，广泛用于实验室、码头、车间装卸物品，在本小节中主要用于收放水下机器人，外观如图 4.1.47 所示。

（1）技术参数。技术参数为：电源方式充电插电两用；电动控制升降；缆车最大承载：400kg；最大臂长：1.9m；尺寸：1600mm×700mm×1600mm；整机重量：约 280kg。

（2）安装说明。安装步骤：安装底车把手于底车上，作为载重运行主要设备；安装配重箱、电动泵及电瓶箱于成车预留位置，填充配重物体（铁块、铅块、水泥块、河卵石等）；依次安装底座、法兰接盘、主立杆、横吊杆、横向千斤顶；安装支撑千斤顶、220V 电机、钢丝钩、吊绳；使用前应排净系统中的空气，作业完毕，把活塞收回油缸底部。吊放缆车安装过程如图 4.1.48 所示。

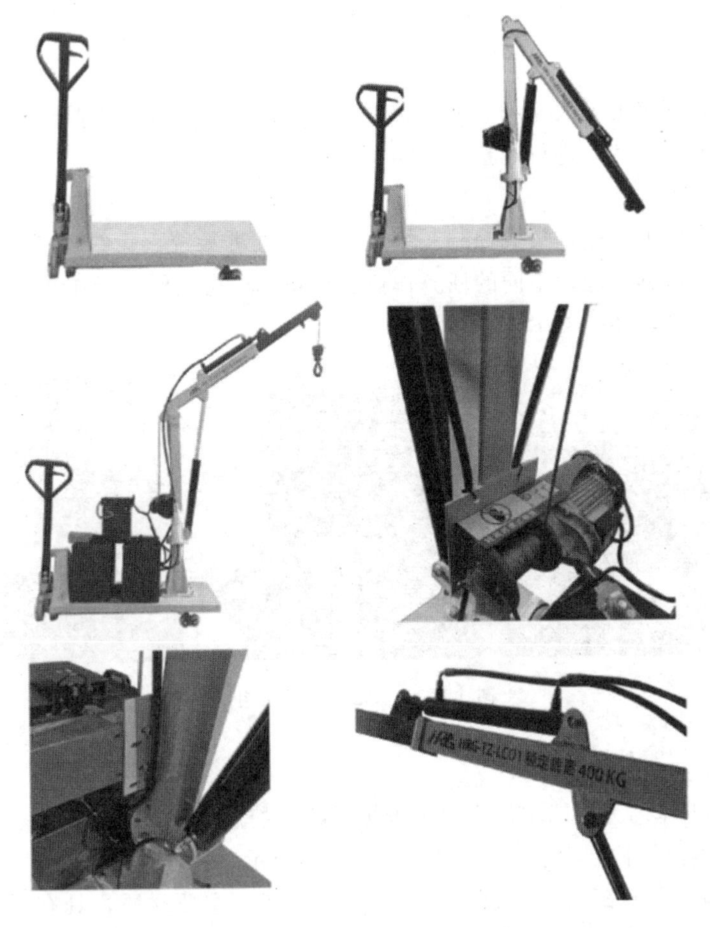

图 4.1.48　吊放缆车安装过程

（3）使用说明。

1）使用之前钢丝绳、钢丝绳导向轮须添加润滑油，请检查各部位螺丝卡簧、钢丝绳等配件是否牢靠，有问题及时处理。吊物时请绷紧吊绳，防止钢丝绳在卷扬桶上松弛，防止吊物下坠抖空。每次使用前请检查注意钢丝绳是否在过线滚轮内，防止钢丝绳跳槽。

2）吊机作业时，请注意衣服、头发、手套等勿靠近钢丝绳，防止缠绕事故。

3）将电源逆变器接线端插入电瓶充电口，将卷扬机电源插头插入逆变器上的插口，按动逆变器上的开关后，机器启动。扳动电瓶上的旋钮，可显示电瓶电量。

4）货钩升降：按手柄上的吊钩升按钮，货钩上升，按吊钩降按钮，货钩下降。手柄上的按钮有自动复位装置，松开手则自动停止。

5）吊臂伸缩：按手柄上的伸缩按钮，可使吊臂伸缩可调整作业半径。

6）吊臂升降：按手柄上的吊臂升降按钮控制横吊臂杆扬杆，调整吊臂角度。

7）吊物运行：本缆车适用于平坦路面，吊物推行应缓慢，作业结束后应将货物卸下，不允许长时间停在吊机上。

8）缆车应在不受雨雪侵扰的地方工作和停放，不得在潮湿环境里使用，严禁在斜坡上作业或停放。

4.1.3　无人船

无人船监测系统由无人船和水下地形数字化测绘系统组成，主要面向湖泊、河流、水库、港湾、近海等水域，进行观察、监测、数据采集和传输等作业。

1. 无人船

电动推进双体无人船，集成控制系统、双水平推进系统、无线通信系统和导航系统，可以搭载不同的传感器进行不同的任务作业。设备主要由船体、操作终端、无线传输装置以及遥控器等组成，如图4.1.49所示。

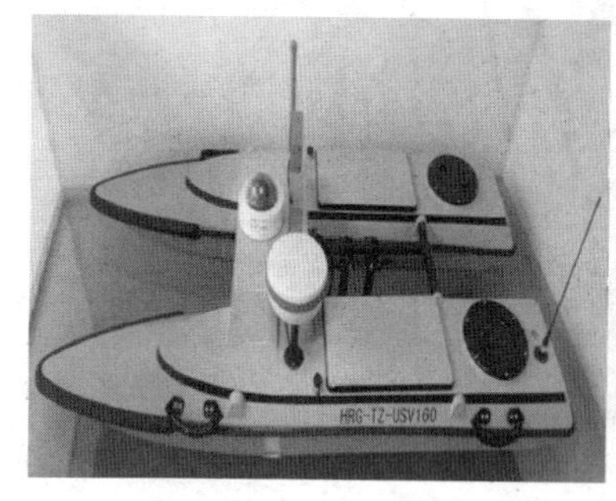

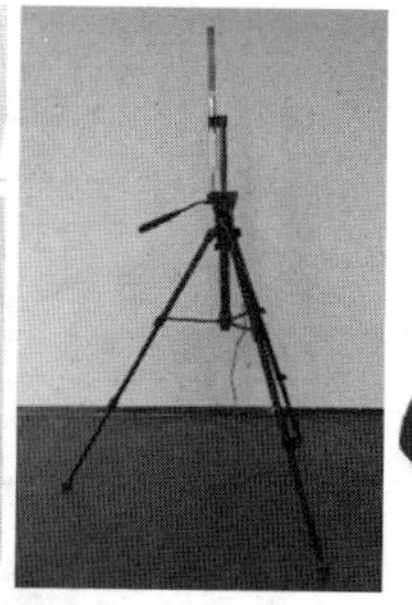

图4.1.49　无人船设备组成

（1）产品概述。

1）无人船本体。无人船本体主要由推进系统、控制系统、网桥天线、摄像头、雷达、RTK、侧扫声呐以及控制天线组成，如图4.1.50所示。

无人船船体采用碳纤维凯夫拉复合材料作无人船的主要材质，具有耐腐蚀、质量轻、强度高等特点，主要用于承载和保护其他系统。

推进系统配备双涵道式推进器，更换方便，易于维护保养。推进器采用涵道式设计，外有防护罩，有效防止水草、渔网等物体缠绕。推进器与船底齐平，方便运输和投放。

图像系统为高清水下摄像机，带有云台，布置在无人船本体前端，用于观察湖面周围环境和拍摄目标。

控制系统及通信设备：包含主控制器、电源管理和动力控制器、导航控制器等。主控制器控制实现自主导航、遥控器手动模式控制、一键返航、可调航行动力输出功率，定速巡航以及 WiFi 在线升级等功能，控制偏航距离不大于 2m；电源管理和动力控制器用于电流监测（最大监测电流范围 200A），电压监测以及过流保护（保护电流可调）等；导航控制器用于实现导航定位功能，GPS 定位精度不大于 2m。

2）操作终端。终端由供电单元、控制主机、显示器、通信适配器等组成。用户通过操作终端上的按钮、遥控杆，向机器人本体发送控制指令，同时接收本体图像信号及其他数据信息。

3）无线传输装置。无线传输装置主要由终端网桥、天线以及固定支架等组成，如图 4.1.51 所示。网桥和天线固定在固定支架上，网桥和终端之间通过网线连接，网桥的供电方式为 POE 供电。无人船监测系统中操作终端所监测的信息通过无线通信的方式发送到中心基站。

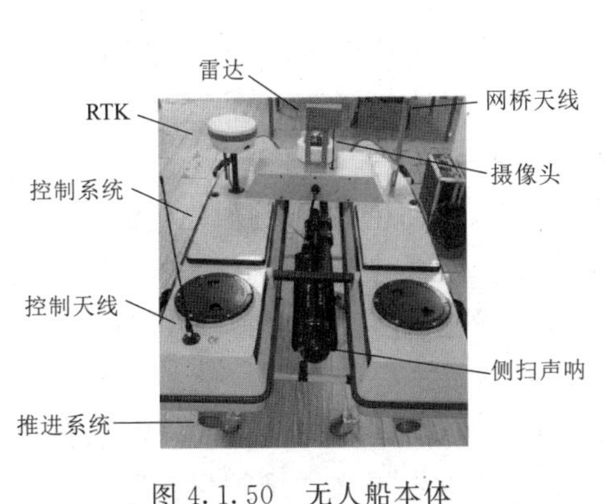

图 4.1.50　无人船本体

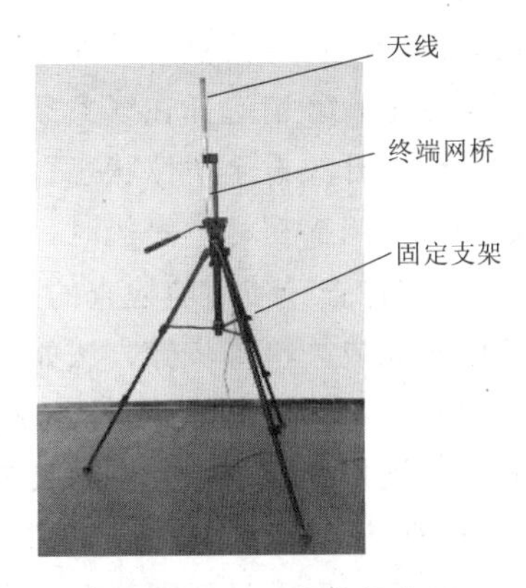

图 4.1.51　无线传输装置

4）遥控器。如图 4.1.52 所示，遥控器主要由警示灯开关、油门摇杆、模式切换开关、方向摇杆以及遥控器电源开关等各键组成。可实现船的前进、后退，模式切换以及左右方向控制等功能。

（2）技术参数。无人船本体：可实现自主导航/手动模式切换、一键返航、定速巡航、自动避障等功能；采用双体船形式，行驶更加稳定；尺寸：1620mm×830mm×500mm；标准重量：≤55kg；防护等级：IP65；最大航速：4m/s；最大负载能力：28kg；集成无线通信模块，无线通信距离 2km；电池容量：20Ah×2；续航时间：≥3h（常规航速 1～2m/s）；定位：RTK；集成船载摄像机 1 台，分辨率 720P，配置云台，调整角度：水平 0°～355°，垂直 0°～75°，防护等级 IP64；避障：毫米波避障雷达；操作系统：Linux 系统；存储接口：SD 卡。

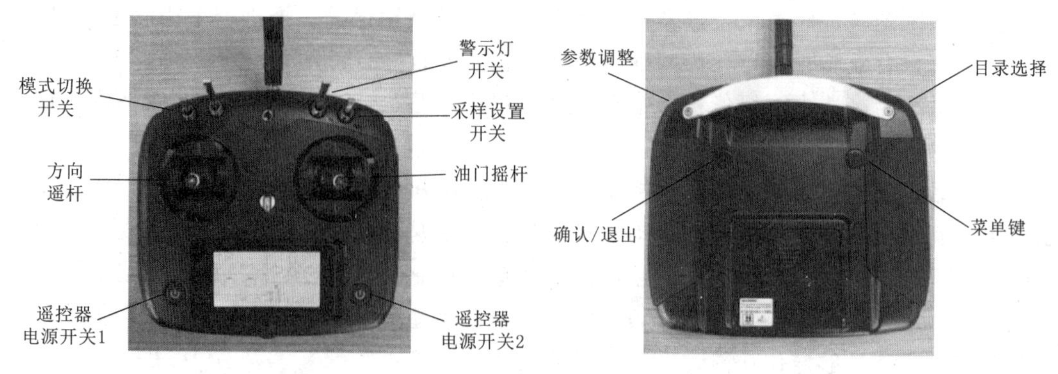

图 4.1.52　遥控器

操作终端：材质：聚丙烯复合材料；防护等级：合盖 IP65；重量：9kg；主板：研华工业级主板；硬盘：固态硬盘 128GB＋机械硬盘 1TB；显示屏：15 寸高亮显示屏；显示分辨率：1920×1080；最大续航时间：6h；可向综合管理平台实时上传无人船状态、位置信息。

（3）作业前准备。

1）作业前注意事项：①注意航道内其他船只，谨防碰撞，保证无人船安全；运输途中，请轻拿轻放，并注意人员安全；②使用前，请保证船电量充足、遥控器电池电量充足并备足干电池；③请选择在气象条件适宜的天气使用；④使用时，请务必将遥控器油门摇杆保持中位、开关拨至中位状态；⑤无人船启动后，禁止触碰螺旋桨；⑥操作时，请缓慢推动遥控器油门摇杆；⑦停船时，请将油门摇杆保持中位。

2）室内检查。使用前检查的意义在于预先发现并解决问题（例如电量低等），确保作业计划顺利完成。检查步骤方法如下：①检查外观，是否有壳体破损、安装件脱落、紧固件松脱等异状；②开机，并确认油门和方向有效；③连接地面站天线与数传模块，打开地面站软件，连接并检查无人船的状态参数，尤其是电量。

3）检查结果处理。以上若发现任何异常，应取消作业计划，联系厂家确认并解决。例外的情况有：①电量低则请自行充电（充电操作请参考下文“维护保养”部分）；②若在室内，GPS 信号不佳，无人船可能无法定位或位置显示错误，并非故障。

检查无异常通过后，可将无人船妥善转运至作业场所，转运过程中切勿挤压碰撞，并注意随船配套件携带齐全。

4）巡航作业使用说明。

a. 无人船下水操作流程。室外下水前检查：下水前检查的内容步骤，与上节室内开箱检查步骤是基本相同的，因作业场所在室外，所以地面站连接以后可以检查 GPS 位置是否准确。

下水：尽量确保无人船双船体水平下水以免发生侧倾现象。

投放侧扫声呐：开始作业时，先用左手向上握住升降装置上的横杆，然后用右手拨开升降装置上升降杆的锁扣，并慢慢放下侧扫声呐，同时根据侧扫声呐连接线的长度来决定升降装置连接杆的下降高度，如图 4.1.53 所示。

打开 RTK：RTK 为独立安装模块，需单独上电。

以上操作步骤完成后，即可手动或自动开始巡航作业。

b. 无人船作业后回收操作流程。离水上岸：作业完成后，控制无人船离码头（岸边）10m 左右请减至低速航行，将船缓慢停靠到码头（岸边），工作人员在码头（岸边）接应无人船停靠，以免船体与码头亲密接触。

图 4.1.53　投放侧扫声呐

第一，回收侧扫声呐。先用左手向上握住升降装置上的横杆，然后用右手拨开升降装置上升降杆的锁扣，并慢慢提起侧扫声呐，当侧扫声呐完全升起时，锁死升降装置上升降杆的锁扣，并确保锁扣已经锁死。

第二，通过用于搬运的把手，将无人船搬至岸上。

第三，依次将无人船供电开关关闭，遥控器关机。

检查清理维护：

第一，无人船离水上岸后，将无人船表面的水渍、污渍擦拭干净。

第二，检查并清理螺旋桨上缠绕物。

第三，检查无异常后请将无人船进行充电，充电准则按照电池维护保养准则进行。

(4) 遥控器使用说明。遥控器模式切换开关用于快速切换无人船的控制模式，方便遥控器与平台操作软件之间切换对无人船的控制权，手动控制无人船，遥控距离 1km；上下推动油门摇杆，即可控制船的前进、后退；左、右摆动方向摇杆，即可控制船的向左、向右航行；同时按下遥控器电源开关 1、2 键，即可打开遥控器电源，同时按下遥控器电源开关 1、2 键 3～5s，即可关闭遥控器电源。

打开遥控器电源后，显示屏将进入主界面。主界面分为四块区域，分别是手动控制状态及实时船速、船的油门与方向的实时情况、船的电压电流及遥控器的电压，如图 4.1.54 所示。

向下拨动模式切换开关，即可进入自动控制模式。自动控制界面包含三块信息，自动控制模式下船的实时航速、船的电压电流及遥控器的电压、自动控制模式下无人船的工作状态。回拨模式切换开关，即回到手动控制模式，如图 4.1.55 所示。

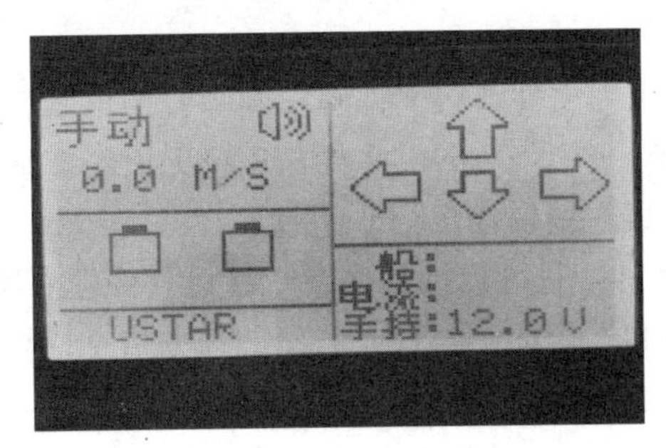

图 4.1.54　主界面

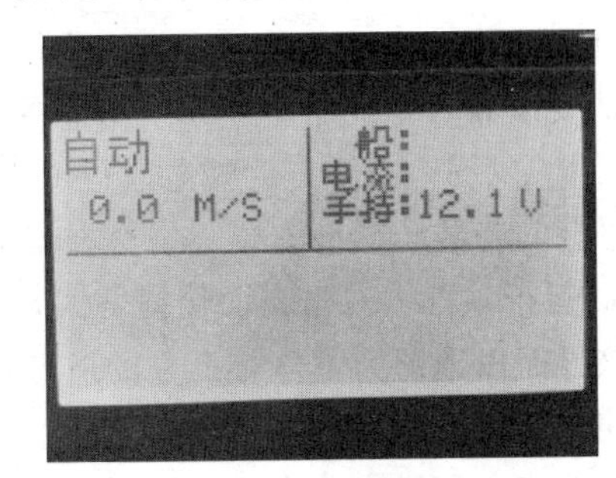

图 4.1.55　手动控制模式

（5）网桥配置设置。

1）准备事项。

①无线网桥，天线，网线，POE 供电设备，电脑。

②将 POE 端网线连接无线网桥，LAN 端网线连接电脑网口，POE 供电设备插入市电插座。无线网桥指示灯常亮。

2）进入网页界面，更改本地 IP 地址：

步骤 1，单击："开始" – "控制面板" – "网络和 Internet" – "网络和共享中心" – "以太网"。

步骤 2，单击 "属性" – "Internet 协议版本 4（TCP/Ipv4）"。

步骤 3，单击 "属性"，更改本地 IP 地址及子网掩码，单击 "确定" 即可。

步骤 4，在浏览器地址栏输入 "192.168.1.233"，单击 "高级"。

步骤 5，单击 "继续前往 192.168.1.233（不安全）"。

步骤 6，登录设备，用户名输入 "hrg"，密码输入："hrg@12345"，单击 "登录"。

（6）操作终端使用说明。无人船智能控制软件平台是一款用于安装在操作终端监控中心的智能系统总控软件，主要用于无人船运行模式的选择、运行状态实时监控、预设航迹下发、各种传感器数据及其他数据存储等。

无人船智能控制软件平台主要由以下几部分组成：①地图操作，包含地图下载、地图保存、地图调用；②航线管理，主要分为手动设置航线和自动路径规划。在特殊的作业任务中，可以对相关参数进行设置，以实现航线路径的自动规划。同时显示各航点的坐标，以及航线内各航点之间的距离；③航行控制，主要分为手动控制和自动控制。手动控制主要用于特殊情况，而在实际作业任务中以自动控制为主，并且可以针对相关参数进行设置；④状态显示，实时显示船只的状态，如航向、航速、剩余电量、航行轨迹、作业状态等；⑤任务监控：对任务模块进行参数设置和运行管理，实时监控任务模块的信息采集，并生成任务报告。

1）终端软件概述。无人船智能控制软件平台主要是完成以下任务：串口通信管理；控制模式选择；航线管理、预设航线下发；下发控制指令；地图的相关操作；设备属性管理。软件主界面如图 4.1.56 所示。

无人船智能控制软件平台以 64 位操作系统在 Window7 环境下开发而成，由于系统功能庞大、集成度高、进行各种操作时需占用很大资源，因此建议在选择服务器时内存必须在 4G 以上；安装软件所在的盘符可用容量大于 20G。

2）软件操作详解。

a. 安装软件。双击本公司发给您的 USV 压缩文件，将文件解压到 "我的电脑" 中的 D 盘，生成 USV 文件夹。双击运行 USV 文件夹中 USV.exe 文件，进行无人船智能控制软件平台的安装。软件安装完后会在桌面上生成快捷启动图标。

b. 运行软件。双击桌面快捷方式，打开软件，进入启动界面。数秒后软件进入界面。该界面以地图为主体，下方的航点设置栏和左侧的工具栏、右侧的任务信息栏均可隐藏，使地图视野放大，以便于在地图上进行航点的设置等操作。并且在右上角会实时显示船的连接状态和船速，剩余电量等信息。

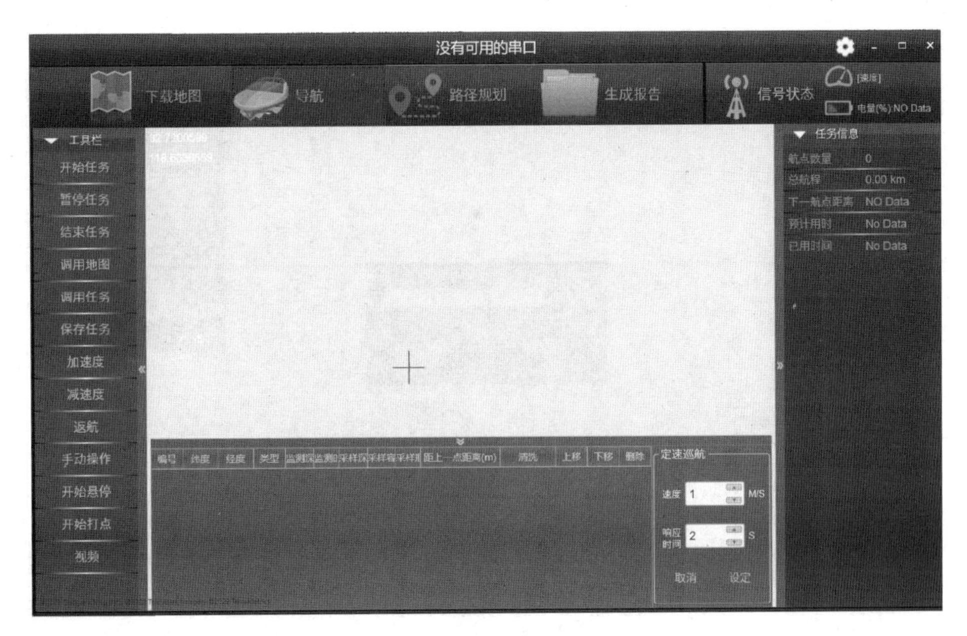

图 4.1.56　软件主界面

重要提示：运行无人船智能控制软件平台时，需先将通信天线与通信讯模块通过串口连接到终端上。如首次进行串口连接，需安装串口驱动程序。

如未连接，运行软件后，主界面最上方会显示“没有可用的串口”。

c. 连接无人船。把通信天线和通信模块通过串口连接到终端后，双击桌面快捷方式运行无人船智能控制软件平台。如未显示上图提示信息，表示通信天线和通信模块连接正常。主界面的右上角会显示无人船此时的船速和剩余电量，即无人船与无人船智能控制软件平台连接成功，如图 4.1.57 所示。

d. 地图操作。由于户外作业环境的特殊性，可以在网络连接的状态下提前下载保存作业水域地图，到达作业水域后，直接调用保存地图，即可进行作业任务。

图 4.1.57　无人船连接成功

e. 下载地图。点击主界面左上方的下载地图进入“下载地图”界面，在该界面中的“查询关键词”栏输入所要作业的水域名称，或者按住右键拖动地图至所要作业的水域，然后点击保存，输入下载保存的地图名称，即可保存作业水域的地图信息，如图 4.1.58 所示。

完成地图的下载保存后，点击“下载地图”界面左上方的导航回到主界面，然后点击主界面左侧工具栏中的调用地图，在弹出调用地图对话框后，双击下载保存的地图名称，即完成地图调用。

如此时无人船与无人船智能控制软件平台连接成功，地图上会显示出无人船的所在位置和船头朝向。

f. 航线管理。航线管理是无人船智能控制软件平台的重要功能之一，主要分为手动设置航线和自动路径规划两种模式。

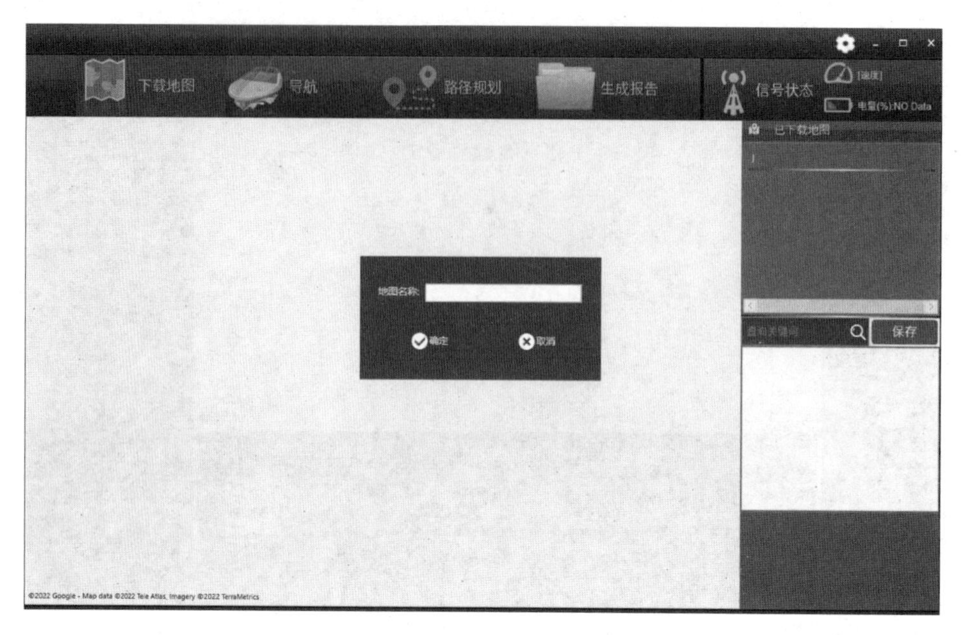

图 4.1.58　地图信息

在非特定要求的情况下，一般采用手动设置航线，并针对航线的功能进行相关参数设置。

在特殊的作业任务中，可以对相关参数进行设置，实现航线路径的自动规划，进行精航线作业。同时显示各航点的坐标，以及航线内各航点之间的距离。

g. 手动设置航线。航线设置：在主界面地图上，按住鼠标右键拖动地图到作业水域，滑动鼠标滚轴可以放大作业水域。在特定位置双击鼠标左键或右键，即可设置航点。当完成两个以上航点设置后，根据航点的设置顺序会自动生成航线。如需保存设置的航线，可以点击主界面左侧工具栏中的开始任务，或者保存任务，输入任务名称确认，即可保存任务，如图 4.1.59 所示。

航线操作：航线设置完成后，如需修正任一航点位置，可以单击鼠标左键拖动该航点

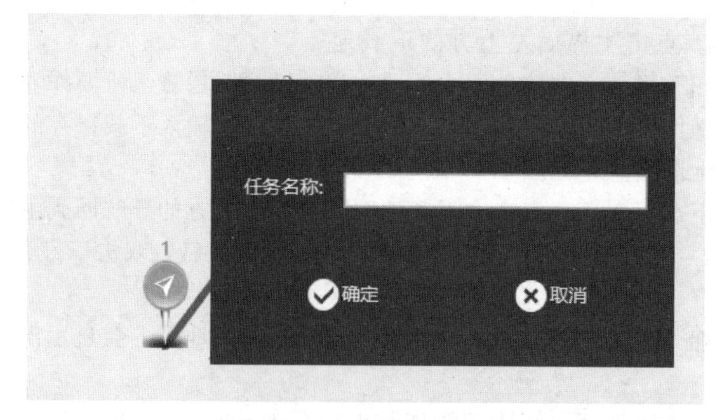

图 4.1.59　航线设置界面

到指定位置。如需删除航点，或改变航点之间的序列，可以在地图下方的航点设置栏里进行航点删除，或通过上移和下移来实现航点序列的调整。同时在航点设置栏中可以查看到所设航点的坐标、类型，同航线内相邻航点之间的距离，如图 4.1.60 所示。

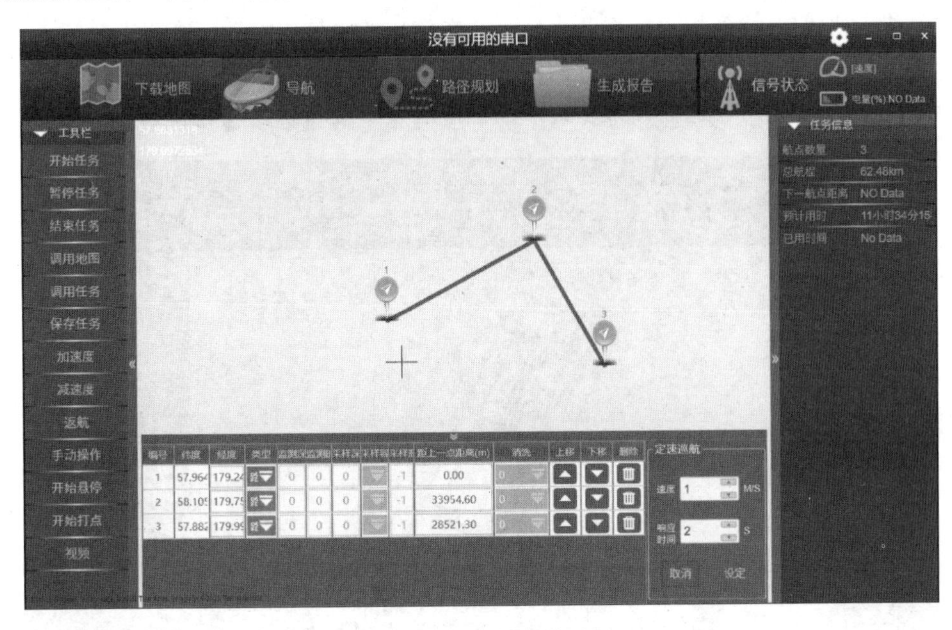

图 4.1.60　航线操作界面

航线调用：航线设置保存以后，如需使用已保存的航线进行作业任务，可以点击调用任务，并在“调用任务”栏中选择相对应任务，双击鼠标左键确认，如图 4.1.61 所示。

图 4.1.61　航线调用界面

h. 自动路径规划。在一些特殊的作业任务中，如测绘作业。需要在特定的水域内有规则地进行航点布置与航线规划，而手动设置航线将无法精确地实现这一要求。

此时可以单击主界面左上方路线规划，进入“路径规划”界面。在此界面的地图内，按住右键拖动地图寻找到指定的作业水域，并在该作业水域内设置三个以上标记点，而所设置的标记点会自动形成一个多边形的围栏。通过调整该界面右侧设置栏中的参数，同时查看地图和状态的显示，进而确认多边形围栏中航点布置与航线规划，如图 4.1.62 所示。

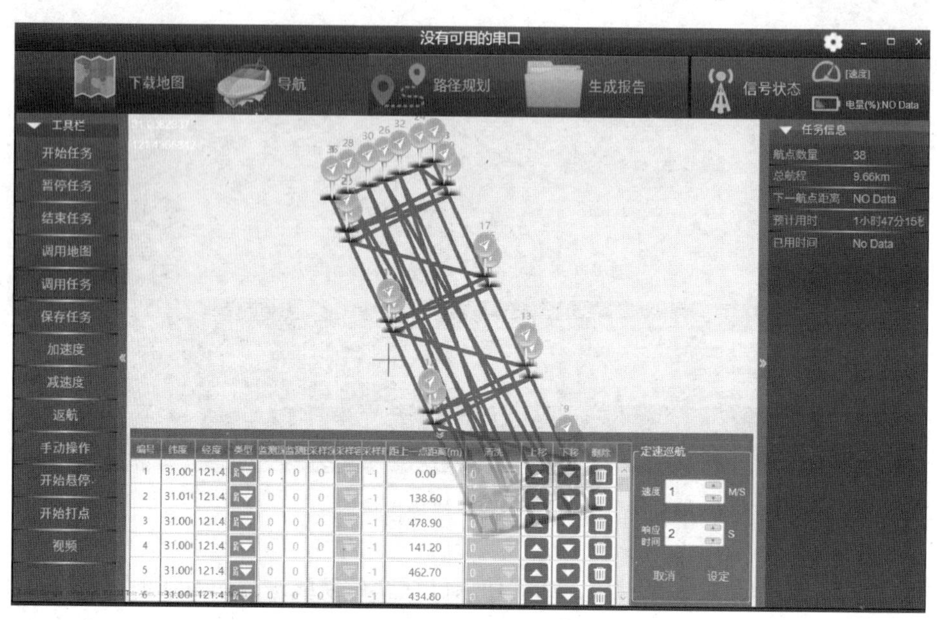

图 4.1.62　自动路径规划界面

航行控制是无人船智能控制软件平台的重要功能之一，主要分为自动控制和手动控制两种模式。在正常作业中，采用自动控制模式，无人船可以根据预先设定好的航线和作业要求，进行自主化作业。

当正常作业中出现特殊状态，可以切换至手动控制式，使无人船脱离预先设定好的航线，进行障碍物的规避动作，或使无人船回到视野范围内。

航线设置完成，或保存任务航线调用完成，并把遥控器切换到自主控制模式，即可点击开始任务，使无人船进行自动控制作业。因特殊情况需要停止自动控制作业，可以点击暂停任务。如需放弃现有任务，可以点击结束任务。

i. 自动控制。无人船进行自动控制作业时，为了节省终端的电量消耗，此时可以让终端进入休眠模式。

无人船完成设置的航线和任务后会停止在最后一个航点上。如此时需要回收无人船，即可由最后一个航点进行回收，或点击主界面左侧工具栏中的返航，使无人船原路返回至起始航点进行回收。

考虑到原路返回时，对无人船电量的消耗，建议最后一个航点设置在便于无人船回收的近岸处。

j. 手动控制。在无人船智能控制软件平台中，手动控制主要作用体现于特殊情况下进行应急干预。如无人船航行距离超出遥控器通信范围且在岸基通信范围内，出现紧急情况，需要改变航线等。此时可以点击主界面左侧手动操作，进入“手动遥控控制面板”界面，进行手动控制无人船。

k. 任务监控。任务监控的功能，主要体现于无人船智能控制软件平台中任务模块的相关数据反馈与采集。

通过对任务模块进行参数设置和运行管理，可以实时监控任务模块的工作状态和所采集到的水质信息，并生成任务报告。

l. 航点任务监控。航线设置与操作时，可在主界面地图下方航点设置栏中，进行航点类型选择，如路径、采样、监测，同时可以对采样容量、采样瓶号、是否清洗等参数进行调整。

m. 任务状态监控。无人船进行自主控制作业时，可以通过主界面地图正上方状态栏，实时监控无人船的工作状态，如：采样、监控。点击地图右侧打开隐藏的监测信息栏，实时监测无人船的任务执行信息。

n. 任务报告生成。点击生成报告，进入任务报告的生成界面，在此界面可以根据作业日期查询当日的采样报告与监测报告，并进行导出，打印成纸质文件留存。同时监测报告可以生成分布图，更直观地了解作业水域水质各项参数的分布情况。

结合本次工作任务学习情况，总结学习要点、个人收获等内容。

技能训练

一、基础知识测试

1. 无人机搭载任务设备重量主要受限制于（　　）。

A. 飞机自重

B. 飞机载重能力

C. 飞机最大起飞能力

2. 缆遥控水下机器人推进系统由（　　）台推进器构成。

A. 2　　B. 4　　C. 6　　D. 8

3. 进行无人机参数是检查飞行设置里面的________与________。

4. 有缆遥控水下机器人（简称ROV）主要包括________、________、________和________等4个部分。

5. 无人船设备主要由船体、________、________以及________等组成

6. 简述倾斜摄影的基本概念及方法？

二、技能训练

1. 运用水下机器人对混凝土面板堆石坝上游水位以下面板进行探伤，并绘制草图。

2. 使用无人机倾斜摄影功能和GPS功能，完成土石坝建模并观测其位移量。

任务4.2　大坝安全智能监测系统

导向问题

（1）智能监测设备如何服务于大坝安全监测？能够获得哪些物理和环境量？

（2）通过单一的智能监测设备能否准确地掌握大坝的状态？如果不能，如何掌握大坝的运行状态？

4.2.1　大坝安全智能监测系统

1. 大坝安全智能监测系统技术要求

大坝安全智能监测系统包括数据采集智能化和资料整理分析、安全管理智能化。一套完整的智能化监测系统应满足以下技术要求：

（1）可靠性。为了保证智能化监测系统的长期稳定运行，可靠性是第一位。智能化监测系统要求保证系统长期稳定、经久耐用，观测数据具有可靠的精度和准确度。系统的可靠性表现为传感器的可靠性、数据采集单元的可靠性、数据传输设备的可靠性、电源的可靠性和系统软件的可靠性。鉴于此，系统本身应该能自检自校及显示故障诊断结果，并具有断电保护功能，系统维护操作应简单易行。同时，系统应具有独立于自动测量仪器的人工观测接口。

（2）实用性。智能化监测系统不仅要适应施工期、蓄水期、运行期的需要，而且要适应更新改造的不同需要，便于维护和扩充，每次扩充时不影响已建系统的正常运行，并能针对工程的实际情况兼容其他各类传感器。智能化监测系统能在规定温度、湿度及水压条件下正常工作，能防雷和抗电磁干扰，操作简单，安装、埋设方便，易于维护。

（3）先进性。智能化系统的原理和性能应具备先进性，根据需要尽可能采用各种先进技术手段和元器件，使系统的各项性能指标达到国内外同类系统的先进水平。智能化数据采集系统应具有良好的通用性和兼容性，充分考虑计算机技术和数据通信网络技术的先进性，以及将来系统更新换代的兼容性，并在系统结构、实现功能上达到先进水平。后续的数据处理系统应能对实测数据进行处理分析、建立各种模型，预测预报功能。

（4）经济性。经济性与上述的可靠性和先进性是矛盾的。如何做到在保证可靠性、实用性和先进性的基础上保证系统的软硬件价格低廉，经济合理，性能价格比最优，且有良好的售后服务，是大坝安全监测工作者需要考虑的重要问题。

2. 大坝安全智能监测系统的主要构成

一个完整的大坝安全智能监测系统包括三大部分，分别为监测仪器（主要为各类传感器）系统、数据采集系统和数据处理分析监控管理系统。

（1）监测仪器系统。我国从20世纪50年代开始研制和生产大坝安全监测仪器。经过几十年的不断努力，在仪器的种类、性能和智能化程度上均有较大的发展。目前已有差动电阻式、钢弦式、电容式、电感式、步进电机式、电磁差动式、差动变压式等10余种。在实际工程应用中效果较好，具代表性的主要有：①电容式和步进电机式垂线坐标仪、引张线仪；②钢弦式、差动变压式多点变位计；③伺服加速度计式钻孔测斜仪；④电感式、钢弦式、差动电阻式、压阻式渗压计；⑤电容式、差动变压器式液体静力水准遥测装置；⑥采用密封式激光点光源、光电耦合器件CCD作传感器的新型波带板、真空泵自动循环冷却水装置等新技术的真空激光准直系统；⑦采用液压平衡原理新研制的差动电阻式应变计和测缝计；⑧适应高土石坝，特别是高混凝土面板堆石坝要求的大量程位移计和测缝计等。

近几年，随着科技的发展，已有不少应用光纤技术和CCD技术研制的新型传感器在工程试验中应用。该类产品具有较好的抵抗高低温、防潮及防雷击性能。其他如UPS技术在国内也已有应用于大坝变形观测的实例；“渗流热监测”技术用于坝体和坝基渗流的监测方面的研究也已取得了一定的成果。

（2）数据采集系统。我国对大坝安全监测数据自动采集系统的研究，始于20世纪70年代末，80年代有了长足的进步，进入90年代中期后，随着电子技术、计算机技术、通信技术等的发展和国外先进设备的引进，有多种型号的大坝安全监测数据自动采集系统先后研制成功，显著提高了我国大坝安全监测的实时性、可靠性和适用性。国内大坝安全监测数据自动采集系统按采集方式分为集中式、分布式和混合式三类，具代表性的有DAMS型、Ⅸ型、IN1018型等系统。

（3）数据处理分析与监控管理系统。我国对大坝安全监测资料的定量分析，主要是针对单个测点的测值建立统计模型、确定性模型和混合模型等常规数学模型，并得到了广泛应用。在此基础上又研究和发展了多测点模型和多维模型，在应用神经网络技术进行大坝安全监测资料的分析方面也进行了大量探索。

监控指标方面，大坝应力和扬压力一般以设计值为监控指标；大坝变形监控指标的确定主要有置信区间法、仿真计算法和力学计算法。较普遍采用的是置信区间法，以数学模型置信区间的边界为监控线。

目前已初步开发的具有决策支持和网络功能的大坝安全监控管理系统主要包括总控部分、输入系统、输出系统、综合分析和推理系统、数据库及其管理系统、方法库及其管理系统、模型库及其管理系统、知识库及其管理系统、图形库及其管理系统、图像库及其管理系统等。一般建立在网络平台上，以实时多任务方式运行，能对各监测项目进行实时监控，具有图文声像数据管理、安全评估、分级报警及网络通信等功能。

4.2.2　智能监测系统使用

1. 系统概述

智慧水利无人监测系统的建设根据两处实地环境（鲲鹏山、光明湖）和已有设施情况，结合学校“智慧水利”教学实训和展示需求，采用“固定无人化监测站＋移动无人监测平台”的形式，构建顺应“数字水利”“智慧水利”发展方向的智能化、无人化监测网络，所有监测数据能够实时传回系统平台进行处理和展示，并可提供移动终端的访问入口，为学生提供理论知识和相关实训操作学习的系统平台。

系统由水下机器人监测系统、无人船监测系统、倾斜摄影无人机及操作终端、固定式环境监测系统组成。系统示意图如图 4.2.1 所示。

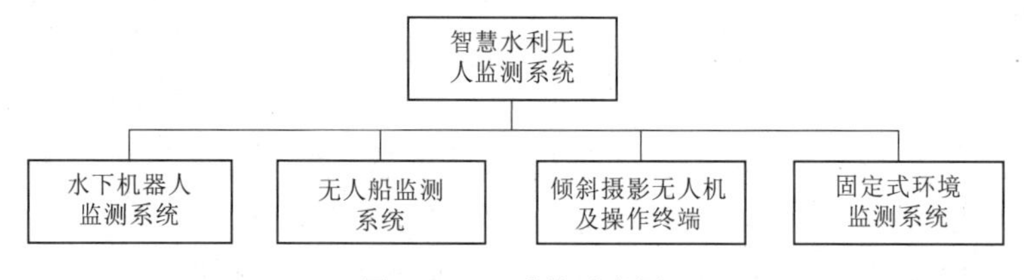

图 4.2.1　系统示意图

针对鲲鹏山的环境情况，系统通过固定式监测装置对水库水位和雨量监测、坝体变形和位移监测、坝体渗流进行监测，利用水下机器人搭载相应设备对水下裂缝和冲蚀检测、水库中心水深进行监测；利用无人机配合倾斜摄影技术，对鲲鹏山坝体进行测绘。

针对光明湖的环境情况，系统通过固定式监测站监测湖边常规水质参数，利用无人船和浮标分别对湖中央区域的水文、水质参数进行测量，并采集泥沙样品。

2. 水下机器人监测系统

水下机器人监测系统由有缆遥控水下机器人、水下图像增强摄像机、前视声呐和吊放

缆车组成。该系统可用于水域应急救援、水下设施检查、水下环境探索、水下危险区域调查等领域。也可加装小型水下机械手，进行简单的打捞作业。

结合本次工作任务学习情况，总结学习要点、个人收获等内容。

技能训练

一、基础知识测试

1. 智慧水利无人监测系统由水下机器人监测系统、________、________及操作终端、固定式环境监测系统组成

2. 一个完整的大坝安全智能监测系统包括三大部分，分别为________、________和数据处理分析监控管理系统。

二、技能训练

1. 利用校内智慧水利无人监测系统完成对鲲鹏山实训场中各建筑运行状态安全分析及光明湖环境量监测分析。

附表

附表 1　　土石坝安全监测项目分类和选择表

序号	监测类别	监测项目	建筑物级别		
			1	2	3
一	巡视检查	坝体、坝基、坝区、输泄水洞（管）、溢洪道、近坝库岸	★	★	★
二	变形	1. 坝体表面变形	★	★	★
		2. 坝体（基）内部变形	★	★	☆
		3. 防渗体变形	★	★	
		4. 界面及接（裂）缝变形	★	★	
		5. 近坝岸坡变形	★	☆	
		6. 地下洞室围岩变形	★	☆	
三	渗流	1. 渗流量	★	★	★
		2. 坝基渗流压力	★	★	☆
		3. 坝体渗流压力	★	★	☆
		4. 绕坝渗流	★	★	☆
		5. 近坝岸坡渗流	★	☆	
		6. 地下洞室渗流	★	☆	
四	压力（应力）	1. 孔隙水压力	★	☆	
		2. 土压力	★	☆	
		3. 混凝土应力应变	★	☆	
五	环境量	1. 上、下游水位	★	★	★
		2. 降水量、气温、库水温	★	★	★
		3. 坝前泥沙淤积及下游冲刷	☆	☆	
		4. 冰压力	☆		
六	地震反应		☆	☆	
七	水力学		☆		

注　1. ★为必设项目。☆为一般项目，可根据需要选设。

2. 坝高小于 20m 的低坝，监测项目选择可降一个建筑物级别考虑。

附表 2　　　　混凝土坝安全监测项目分类和选择表

监测类别	监　测　项　目	大　坝　级　别			
		1	2	3	4
现场检查	坝体、坝基、坝肩及近坝库岸	●	●	●	●
环境量	上、下游水位	●	●	●	●
	气温、降水量	●	●	●	●
	坝前水温	●	●	○	○
	气压	○	○	○	○
	冰冻	○	○	○	○
	坝前淤积、下游淤积	○	○	○	
变形	坝体表面位移	●	●	●	●
	坝体内部位移	●	●	●	○
	倾斜	●	○	○	
	接缝变化	●	●	○	○
	裂缝变化	●	●	●	○
	坝基位移	●	●	●	○
	近坝岸坡变形	●	●	○	○
	地下洞室变形	●	●	○	○
渗流	渗流量	●	●	●	●
	扬压力	●	●	●	●
	坝体渗透压力	○	○	○	○
	绕坝渗流	●	●	○	○
	近坝岸坡渗流	●	●	○	○
	地下洞室渗流	●	●	○	○
	水质分析	●	●	○	○
应力、应变及温度	应力	●	○		
	应变	●	●	○	
	混凝土温度	●	●	○	
	坝基温度	●	●	○	
地震反应监测	地震动加速度	○	○	○	
	动水压力	○	○		
水力学监测	水流流速、水面线	○	○		
	动水压力	○	○		
	流速、泄流量	○	○		
	空化空蚀、掺气、下游雾化	○	○		
	振动	○	○		
	消能及冲刷	○	○		

注　1. ●为必设项目；○为可选项目，可根据需要选设。

2. 坝高 70m 以下的 1 级坝，应力应变为可选项目。

附表 3　　土石坝安全监测项目测次表

监　测　项　目	监测阶段和测次		
	第一阶段（施工期）	第二阶段（初蓄期）	第三阶段（运行期）
日常巡视检查	8～4 次/月	30～8 次/月	3～1 次/月
1. 坝体表面变形	4～1 次/月	10～1 次/月	6～2 次/年
2. 坝体（基）内部变形	10～4 次/月	30～2 次/月	12～4 次/年
3. 防渗体变形	10～4 次/月	30～2 次/月	12—4 次/年
4. 界面及接（裂）缝变形	10～4 次/月	30～2 次/月	12～4 次/年
5. 近坝岸坡变形	4～1 次/月	10～1 次/月	6～4 次/年
6. 地下洞室围岩变形	4～1 次/月	10～1 次/月	6～4 次/年
7. 渗流量	6～3 次/月	30～3 次/月	4～2 次/月
8. 坝基渗流压力	6～3 次/月	30～3 次/月	4～2 次/月
9. 坝体渗流压力	6～3 次/月	30～3 次/月	4～2 次/月
10. 绕坝渗流	4～1 次/月	30～3 次/月	4～2 次/月
11. 近坝岸坡渗流	4～1 次/月	30～3 次/月	2～1 次/月
12. 地下洞室渗流	4～1 次/月	30～3 次/月	2～1 次/月
13. 孔隙水压力	6～3 次/月	30～3 次/月	4～2 次/月
14. 土压力	6～3 次/月	30～3 次/月	4～2 次/月
15. 混凝土应力应变	6～3 次/月	30～3 次/月	4～2 次/月
16. 上、下游水位	2～1 次/日	4～1 次/日	2～1 次/日
17. 降水量、气温	逐日量	逐日量	逐日量
18. 库水温		10～1 次/月	1 次/月
19. 坝前泥沙淤积及下游冲刷		按需要	按需要
20. 冰压力	按需要	按需要	按需要
21. 坝区平面监测网	取得初始值	1～2 年 1 次	3～5 年 1 次
22. 坝区垂直监测网	取得初始值	1～2 年 1 次	3～5 年 1 次
23. 水力学		根据需要确定	

注　1. 表中测次，均系正常情况下人工测读的最低要求。如遇特殊情况和工程出现不安全征兆时应增加测次。

2. 第一阶段：原则上从施工建立观测设备起，至竣工移交管理单位止。若坝体填筑进度快，变形和土压力测次可取上限。

3. 第二阶段：从水库首次蓄水至达到（或接近）正常蓄水位后再持续三年。在蓄水时，测次可取上限；完成蓄水后的相对稳定期可取下限。

4. 第三阶段：指第二阶段后的运行期。渗流、变形等性态变化速率大时，测次应取上限；性态趋于稳定时可取下限。

5. 相关监测项目应力求同一时间监测。

附表 4　　混凝土坝安全监测项目测次表

监测类别	监　测　项　目	施工期	首次蓄水期	运行期
现场检查	日常检查	2 次/周～1 次/周	1 次/天～3 次/周	3 次/月～1 次/月
环境量	上游、下游水位	2 次/天～1 次/天	4 次/天～2 次/天	2 次/天～1 次/天
	气温、降水量	逐日量	逐日量	逐日量
	坝前水温	1 次/周～1 次/月	1 次/天～1 次/周	1 次/周～2 次/月
	气压	1 次/周～1 次/月	1 次/周～1 次/月	1 次/周～1 次/月
	冰冻	按需要	按需要	按需要
	坝前淤积、下游淤积		按需要	按需要
变形	坝体表面位移	1 次/周～1 次/月	1 次/天～2 次/周	2 次/月～1 次/月
	坝体内部位移	2 次/周～1 次/周	1 次/天～2 次/周	1 次/周～1 次/月
	倾斜	2 次/周～1 次/周	1 次/天～2 次/周	1 次/周～1 次/月
	接缝变化	2 次/周～1 次/周	1 次/天～2 次/周	1 次/周～1 次/月
	裂缝变化	2 次/周～1 次/周	1 次/天～2 次/周	1 次/周～1 次/月
	坝基位移	2 次/周～1 次/周	1 次/天～2 次/周	1 次/周～1 次/月
	近坝岸坡变形	2 次/月～1 次/月	2 次/周～1 次/周	1 次/月～4 次/年
	地下洞室变形	2 次/月～1 次/月	2 次/周～1 次/周	1 次/月～4 次/年
渗流	渗流量	2 次/周～1 次/周	1 次/天	1 次/周～2 次/月
	扬压力	2 次/周～1 次/周	1 次/天	1 次/周～2 次/月
	坝体渗透压力	2 次/周～1 次/周	1 次/天	1 次/周～2 次/月
	绕坝渗流	1 次/周～1 次/月	1 次/天～1 次/周	1 次/周～1 次/月
	近坝岸坡渗流	2 次/月～1 次/月	1 次/天～1 次/周	1 次/月～4 次/年
	地下洞室渗流	2 次/月～1 次/月	1 次/天～1 次/周	1 次/月～4 次/年
	水质分析	1 次/月～1 次/季	2 次/月～1 次/月	2 次/年～1 次/年
应力、应变及温度	应力	1 次/周～1 次/月	1 次/天～1 次/周	2 次/月～1 次/季
	应变	1 次/周～1 次/月	1 次/天～1 次/周	2 次/月～1 次/季
	混凝土温度	1 次/周～1 次/月	1 次/天～1 次/周	2 次/月～1 次/季
	坝基温度	1 次/周～1 次/月	1 次/天～1 次/周	2 次/月～1 次/季
地震反应监测	地震动加速度	按需要	按需要	按需要
	动水压力		按需要	按需要
水力学监测	水流流速、水面线		按需要	按需要
	动水压力		按需要	按需要
	流速、泄流量		按需要	按需要
	空化空蚀、掺气、下游雾化		按需要	按需要
	振动		按需要	按需要
	消能及冲刷		按需要	按需要

注　1. 表中测次，均系正常情况下人工测读的最低要求。特殊时期增加测次，监测自动化可根据需要，适当加密测次。

2. 在施工期，坝体浇筑进度快的，变形和应力监测的次数取上限。在首次蓄水期，库水位上升快的，测次取上限。在初蓄期，开始测次取上限。在运行期，当变形、渗流等性态变化速度大时，测次取上限，性态趋于稳定时取下限；当多年运行性态稳定时，可减少测次，减少项目或停测，但应报主管部门批准；当水位超过前期运行水位时，按首次蓄水执行。

附表 5　　变形监测中误差限差规定(SL 601—2013,SL 530—2012)

项　目				位移量中误差限差
水平位移	坝体	重力坝、支墩坝		±1.0mm
		拱坝	径向	±2.0mm
			切向	±1.0mm
	坝基	重力坝、支墩坝		±0.3mm
		拱坝	径向	±0.3mm
			切向	±0.3mm
	表面	土石坝		±3.0mm
		堆石坝		±3.0mm
	内部	土石坝		±3.0mm
		堆石坝		±3.0mm
垂直位移	混凝土坝坝体			±1.0mm
	混凝土坝坝基			±0.3mm
	土石坝、堆石坝表面			±3.0mm
	土石坝、堆石坝内部			±3.0mm
倾斜	坝体			±5″
	坝基			±1″
坝体表面接缝和裂缝				±0.2mm
近坝区岩体	水平位移			±2.0mm
	垂直位移			±2.0mm
滑坡体和高边坡	水平位移			±3.0mm（岩质边坡）、±5.0mm（土质边坡）
	垂直位移			±3.0mm
	裂缝			±1.0mm
地下洞室	表面变形			±2.0mm
	内部变形			±0.3mm

附表 6　　变形监测符号规定

变形类别	正	负
水平	向下游、向左岸	向上游、向右岸
垂直	下沉	上升
挠度	向下游、向左岸	向上游、向右岸
倾斜	向下游转动、向左岸转动	向下游转动、向右岸转动
滑坡	向坡下、向左岸	向坡上、向右岸
裂缝与接缝	张开	闭合
闸墙	向闸室中心	背闸室中心
地下洞室围岩变形	向洞室为正	背向洞室为负

附表 7

监测资料整编表

附表 7.1

上游(水库)、下游水位统计表

________年　　　________游水位　　　　　　　　　　单位：m

<table>
<tr><td colspan="2" rowspan="2">日期</td><td colspan="12">月　份</td></tr>
<tr><td>1</td><td>2</td><td>3</td><td>4</td><td>5</td><td>6</td><td>7</td><td>8</td><td>9</td><td>10</td><td>11</td><td>12</td></tr>
<tr><td colspan="2">01</td><td></td><td></td><td></td><td></td><td></td><td></td><td></td><td></td><td></td><td></td><td></td><td></td></tr>
<tr><td colspan="2">02</td><td></td><td></td><td></td><td></td><td></td><td></td><td></td><td></td><td></td><td></td><td></td><td></td></tr>
<tr><td colspan="2">⋮</td><td></td><td></td><td></td><td></td><td></td><td></td><td></td><td></td><td></td><td></td><td></td><td></td></tr>
<tr><td colspan="2">31</td><td></td><td></td><td></td><td></td><td></td><td></td><td></td><td></td><td></td><td></td><td></td><td></td></tr>
<tr><td rowspan="5">全月统计</td><td>最高</td><td></td><td></td><td></td><td></td><td></td><td></td><td></td><td></td><td></td><td></td><td></td><td></td></tr>
<tr><td>日期</td><td></td><td></td><td></td><td></td><td></td><td></td><td></td><td></td><td></td><td></td><td></td><td></td></tr>
<tr><td>最低</td><td></td><td></td><td></td><td></td><td></td><td></td><td></td><td></td><td></td><td></td><td></td><td></td></tr>
<tr><td>日期</td><td></td><td></td><td></td><td></td><td></td><td></td><td></td><td></td><td></td><td></td><td></td><td></td></tr>
<tr><td>均值</td><td></td><td></td><td></td><td></td><td></td><td></td><td></td><td></td><td></td><td></td><td></td><td></td></tr>
<tr><td colspan="2" rowspan="2">全年统计</td><td colspan="2">最高</td><td colspan="3"></td><td colspan="2">最低</td><td colspan="3"></td><td rowspan="2">均值</td><td rowspan="2"></td></tr>
<tr><td colspan="2">日期</td><td colspan="3"></td><td colspan="2">日期</td><td colspan="3"></td></tr>
<tr><td colspan="2">备注</td><td colspan="12">包括泄洪情况</td></tr>
</table>

附表 7.2

逐日降水量统计表

________年　　　　　　　　　　　　　　　　　　　单位：mm

<table>
<tr><td colspan="2" rowspan="2">日期</td><td colspan="12">月　份</td></tr>
<tr><td>1</td><td>2</td><td>3</td><td>4</td><td>5</td><td>6</td><td>7</td><td>8</td><td>9</td><td>10</td><td>11</td><td>12</td></tr>
<tr><td colspan="2">01</td><td></td><td></td><td></td><td></td><td></td><td></td><td></td><td></td><td></td><td></td><td></td><td></td></tr>
<tr><td colspan="2">02</td><td></td><td></td><td></td><td></td><td></td><td></td><td></td><td></td><td></td><td></td><td></td><td></td></tr>
<tr><td colspan="2">⋮</td><td></td><td></td><td></td><td></td><td></td><td></td><td></td><td></td><td></td><td></td><td></td><td></td></tr>
<tr><td colspan="2">31</td><td></td><td></td><td></td><td></td><td></td><td></td><td></td><td></td><td></td><td></td><td></td><td></td></tr>
<tr><td rowspan="4">全月统计</td><td>最大</td><td></td><td></td><td></td><td></td><td></td><td></td><td></td><td></td><td></td><td></td><td></td><td></td></tr>
<tr><td>日期</td><td></td><td></td><td></td><td></td><td></td><td></td><td></td><td></td><td></td><td></td><td></td><td></td></tr>
<tr><td>总降水量</td><td></td><td></td><td></td><td></td><td></td><td></td><td></td><td></td><td></td><td></td><td></td><td></td></tr>
<tr><td>降水天数</td><td></td><td></td><td></td><td></td><td></td><td></td><td></td><td></td><td></td><td></td><td></td><td></td></tr>
<tr><td colspan="2" rowspan="2">全年统计</td><td colspan="2">最高</td><td colspan="3"></td><td colspan="2" rowspan="2">总降水量</td><td colspan="2" rowspan="2"></td><td colspan="2" rowspan="2">总降水天数</td><td rowspan="2"></td></tr>
<tr><td colspan="2">日期</td><td colspan="3"></td></tr>
<tr><td colspan="2">备注</td><td colspan="12"></td></tr>
</table>

附表 7.3　　　　日平均气温统计表

________年　　　　　　　　　　　　　　　　　　　单位:℃

<table>
<tr><td colspan="2" rowspan="2">日期</td><td colspan="12">月　份</td></tr>
<tr><td>1</td><td>2</td><td>3</td><td>4</td><td>5</td><td>6</td><td>7</td><td>8</td><td>9</td><td>10</td><td>11</td><td>12</td></tr>
<tr><td colspan="2">1</td><td></td><td></td><td></td><td></td><td></td><td></td><td></td><td></td><td></td><td></td><td></td><td></td></tr>
<tr><td colspan="2">2</td><td></td><td></td><td></td><td></td><td></td><td></td><td></td><td></td><td></td><td></td><td></td><td></td></tr>
<tr><td colspan="2">⋮</td><td></td><td></td><td></td><td></td><td></td><td></td><td></td><td></td><td></td><td></td><td></td><td></td></tr>
<tr><td colspan="2">31</td><td></td><td></td><td></td><td></td><td></td><td></td><td></td><td></td><td></td><td></td><td></td><td></td></tr>
<tr><td rowspan="5">全月统计</td><td>最高</td><td></td><td></td><td></td><td></td><td></td><td></td><td></td><td></td><td></td><td></td><td></td><td></td></tr>
<tr><td>日期</td><td></td><td></td><td></td><td></td><td></td><td></td><td></td><td></td><td></td><td></td><td></td><td></td></tr>
<tr><td>最低</td><td></td><td></td><td></td><td></td><td></td><td></td><td></td><td></td><td></td><td></td><td></td><td></td></tr>
<tr><td>日期</td><td></td><td></td><td></td><td></td><td></td><td></td><td></td><td></td><td></td><td></td><td></td><td></td></tr>
<tr><td>均值</td><td></td><td></td><td></td><td></td><td></td><td></td><td></td><td></td><td></td><td></td><td></td><td></td></tr>
<tr><td colspan="2" rowspan="2">全年统计</td><td colspan="2">最高</td><td colspan="3"></td><td colspan="2">最低</td><td colspan="3"></td><td rowspan="2">均值</td><td rowspan="2"></td></tr>
<tr><td colspan="2">日期</td><td colspan="3"></td><td colspan="2">日期</td><td colspan="3"></td></tr>
<tr><td colspan="2">备注</td><td colspan="12"></td></tr>
</table>

附表 7.4　　　　水平位移统计表

________年　　　　首测日期________　　　　　　　　单位：mm

<table>
<tr><td colspan="2" rowspan="3">日期
(月-日)</td><td colspan="10">测点编号及累计水平位移量</td><td rowspan="3">备注</td></tr>
<tr><td colspan="2">测点 1</td><td colspan="2">测点 2</td><td colspan="2">测点 3</td><td colspan="2">…</td><td colspan="2">测点 n</td></tr>
<tr><td>X</td><td>Y</td><td>X</td><td>Y</td><td>X</td><td>Y</td><td>X</td><td>Y</td><td>X</td><td>Y</td></tr>
<tr><td colspan="2"></td><td></td><td></td><td></td><td></td><td></td><td></td><td></td><td></td><td></td><td></td><td></td></tr>
<tr><td colspan="2"></td><td></td><td></td><td></td><td></td><td></td><td></td><td></td><td></td><td></td><td></td><td></td></tr>
<tr><td colspan="2"></td><td></td><td></td><td></td><td></td><td></td><td></td><td></td><td></td><td></td><td></td><td></td></tr>
<tr><td rowspan="6">全年特征值统计</td><td>最大值</td><td></td><td></td><td></td><td></td><td></td><td></td><td></td><td></td><td></td><td></td><td></td></tr>
<tr><td>日期</td><td></td><td></td><td></td><td></td><td></td><td></td><td></td><td></td><td></td><td></td><td></td></tr>
<tr><td>最小值</td><td></td><td></td><td></td><td></td><td></td><td></td><td></td><td></td><td></td><td></td><td></td></tr>
<tr><td>日期</td><td></td><td></td><td></td><td></td><td></td><td></td><td></td><td></td><td></td><td></td><td></td></tr>
<tr><td>平均值</td><td></td><td></td><td></td><td></td><td></td><td></td><td></td><td></td><td></td><td></td><td></td></tr>
<tr><td>年变幅</td><td></td><td></td><td></td><td></td><td></td><td></td><td></td><td></td><td></td><td></td><td></td></tr>
</table>

注　1. 水平方向正负号规定：向下游、向左岸为正；反之为负。

2. X 方向代表上下游方向（或径向）；Y 方向代表左右岸（或切向）。

附表 7.5 **垂直位移统计表**

________年　　　首测日期________　　　　　　　　单位：mm

日期（月-日）		测点编号及累计垂直位移量										备注
		测点 1		测点 2		测点 3		…		测点 n		
全年特征值统计	最大值											
	日期											
	最小值											
	日期											
	平均值											
	年变幅											

注　垂直位移正负号规定：下沉为正；反之为负。

附表 7.6 **接缝开合度统计表**

________年　　　首测日期________　　　　　　　　单位：mm

日期（月-日）		测点编号及累计开合度变化量												备注
		测点 1			测点 2			…			测点 n			
		X	Y	Z	X	Y	Z	X	Y	Z	X	Y	Z	
全年特征值统计	最大值													
	日期													
	最小值													
	日期													
	平均值													
	年变幅													

注　1. X 方向代表上下游方向；Y 方向代表左右岸方向；Z 方向代表垂直方向（竖向）。

2. 正负号规定：X 方向以缝左侧向下游为正；反之为负。Y 方向以缝张开为正；反之为负。Z 方向以左侧块向下下沉为正；反之为负。

附表 7.7

裂 缝 统 计 表

________年

日期（月-日）	编号	裂缝位置			裂缝描述			
		桩号	轴距/m	高程/m	长/m	宽/m	深/m	走向

附表 7.8

倾斜监测成果统计表

________年　　首测日期________　　单位：(″)

日期（月-日）		两测点编号及累计测斜量				备注
		测点 $a_1 \sim a_2$	测点 $b_1 \sim b_2$	测点 $c_1 \sim c_2$	…	
全年特征值统计	最大值					
	日期					
	最小值					
	日期					
	平均值					
	年变幅					

注　倾斜正负号规定：向下游向左岸转动为正；反之为负。

附表 7.9 **扬压力测压孔水位统计表**

________年

日期 (月-日)		测点编号、孔内水位及渗压系数						上游 水位/m	下游 水位/m	备注
		测点 1		…		测点 n				
		孔内 水位/m	渗压 系数	…	…	孔内 水位/m	渗压 系数			
全年 特征值 统计	最大值									
	日期									
	最小值									
	日期									
	平均值									
	年变幅									

附表 7.10 **绕坝渗流监测孔水位统计表**

________年

日期 (月-日)		测点编号及孔内水位/m			上游水位 /m	下游水位 /m	降水量 /mm	备注
		测点 1	测点 2	…				
全年 特征值 统计	最大值							
	日期							
	最小值							
	日期							
	平均值							
	年变幅							

附表 7.11 **渗 流 量 统 计 表**

________年

日期（月-日）		测点编号及渗流量/(L/s)			上游水位/m	下游水位/m	备注
		测点 1	测点 2	…			
全年特征值统计	最大值						
	日期						
	最小值						
	日期						
	平均值						
	年变幅						

附表 7.12 **应力、应变及温度测值统计表**

（应力单位为 MPa；应变单位为 10^{-6}；温度单位为℃）

________年

日期（月-日）		测点 1	测点 2	测点 3	测点 4	测点 5	…
全年特征值统计	最大值						
	日期						
	最小值						
	日期						
	平均值						
	年变幅						

参 考 答 案

模块 1　环 境 量 监 测

任务 1.1　水位监测

1. ABCD　2. ABCD　3. D　4. D　5. ABCD　6. ABC

任务 1.2　降水量和温度监测

1. A　2. A　3. C　4. C　5. A　6. D　7. C

任务 1.3　环境量监测资料整理分析

1. C　2. A

模块 2　土 石 坝 安 全 监 测

任务 2.1　土石坝变形监测

1. D　2. A　3. A　4. B　5. D

任务 2.2　土石坝渗流监测

1. A　2. A　3. D　4. B　5. A

任务 2.3　土石坝监测资料整编与分析

1. A　2. C　3. A　4. A　5. A

模块 3　混 凝 土 坝 安 全 监 测

任务 3.1　混凝土坝变形监测

1. B　2. C　3. A　4. B　5. A　6. B　7. B　8. D

任务 3.2　混凝土坝扬压力监测

1. C　2. D　3. C　4. C　5. A　6. A　7. A　8. C　9. B

任务 3.3　混凝土坝监测资料整编与分析

1. A　2. A　3. A　4. C　5. A　6. B　7. B　8. D　9. A

模块 4　大 坝 安 全 智 能 监 测

任务 4.1　智能监测设备使用

1. B　2. C

3. 动力配置　感度

4. 机器人本体　地面操作终端　线缆盘　无线传输装置

5. 操作终端、无线传输装置　遥控器

6. 倾斜摄影是指由一定倾斜角的航摄像机所获取的影像，从多个侧面获取建筑物表面影像，已知摄像机的位置内外方位元素，根据后方交会的原理，结算被摄物体的空间位置，基于此，实现三维建模

任务 4.2　大坝安全智能监测系统

1. 无人船监测系统　倾斜摄影无人机

2. 监测仪器系统　　数据采集系统

参 考 文 献

[1] 李宗尧，胡昱玲. 水利工程管理技术 [M]. 北京：中国水利水电出版社，2016.

[2] 湖北省水利厅大坝安全监测与白蚁防治中心. 大坝安全监测实用技术 [M]. 武汉：武汉大学出版社，2018.

[3] 何勇军，刘成栋. 大坝安全监测与自动化 [M]. 北京：中国电力出版社，2008.

[4] 梅孝威. 水利工程管理 [M]. 北京：中国电力出版社，2013.

[5] 水位监测标准：GB/T 50138—2010 [S]

[6] 降水量观测规范：SL 21—2015 [S]

[7] 水文测量规范：SL 58—2014 [S]

[8] 土石坝安全监测技术规范：SL 551—2012 [S]

[9] 土石坝安全监测资料整编规程：DL/T 5256—2010 [S]

[10] 混凝土坝安全监测技术规范：SL 601—2013 [S]

[11] 混凝土坝安全监测资料整编规程：DL/T 5209—2020 [S]

[12] 大坝安全监测仪器安装标准：SL 531—2012 [S]

[13] 大坝安全监测仪器检验测试规程：SL 530—2012 [S]

[14] 无人机通用规范：GJB 2347—1995 [S]

[15] 多用途轻型水下作业机器人：T/SZAF 001—2021 [S]

[16] 无人水面艇测试管理规范：DB4404/T 18—2021 [S]